이강혁
신도형
박연철
장민서
황정은
공 저

건설공학도를 위한

딥러닝 기초

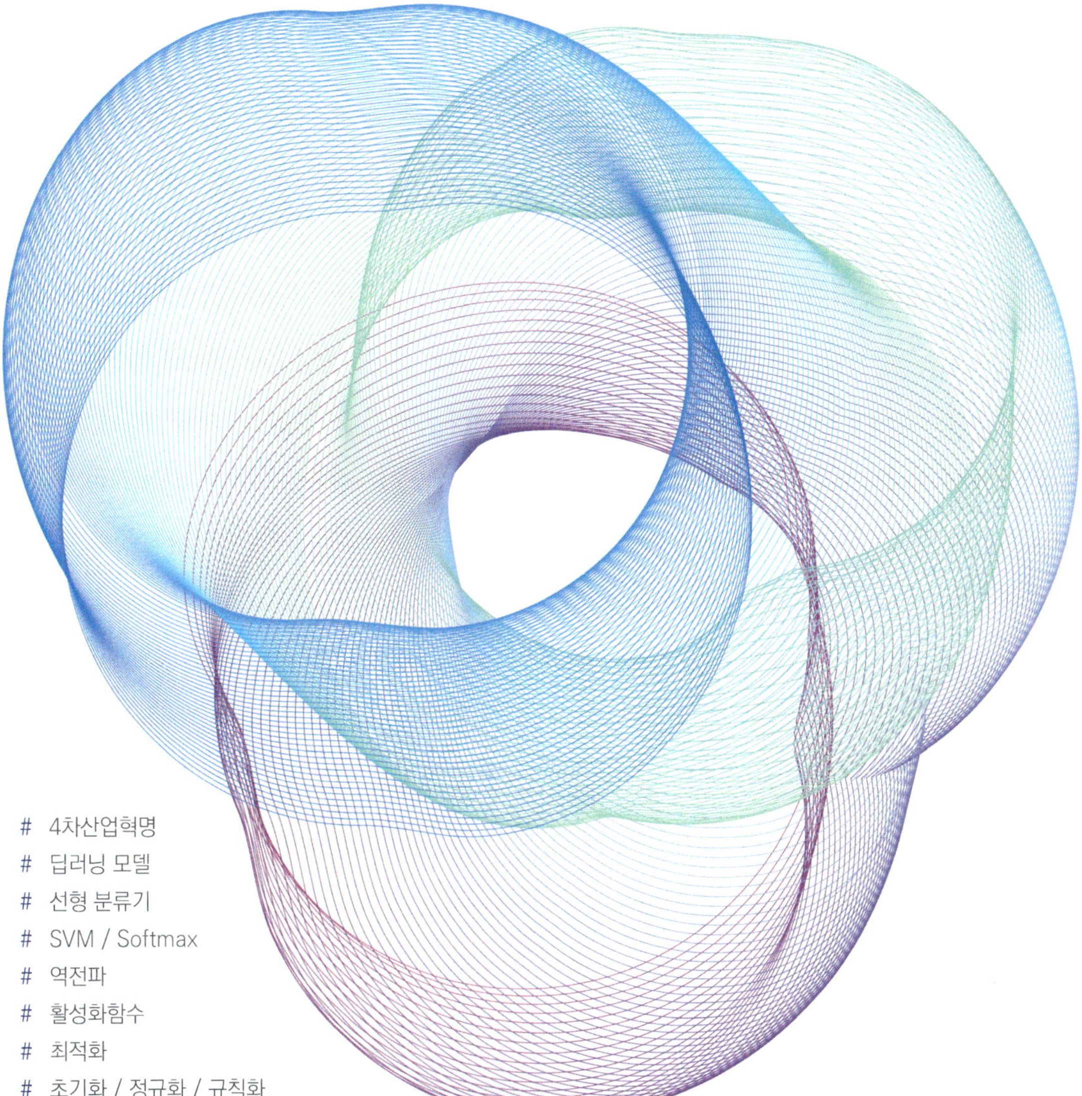

\# 4차산업혁명
\# 딥러닝 모델
\# 선형 분류기
\# SVM / Softmax
\# 역전파
\# 활성화함수
\# 최적화
\# 초기화 / 정규화 / 규칙화
\# 인공신경망
\# 합성곱신경망
\# 순환신경망
\# 3가지 실제사례 기반 개발 실습

도서출판 구미서관

머리말

4차 산업혁명의 중심은 인공지능입니다.

'스마트 혁명'의 4차 산업혁명으로 우리 사회는 모든 것이 연결된 지능 사회로 진화되고 있으며, 그 중심에는 인공지능이 있습니다. 알파고가 인공지능이 특정분야에서 인류보다 더 나을 수 있다는 가능성을 보여줬다면, 생성형 AI 기술은 인공지능이 일상의 일들을 대체할 수 있음을 보여주고 있습니다.

인공지능은 건설산업 또한 빠르게 변화시키고 있습니다. 인공지능은 건설 현장의 안전을 개선하고, 생산성을 높이고, 비용을 절감하는 데 도움이 될 수 있습니다. 또한, 인공지능은 건설산업의 새로운 기회를 창출할 수 있습니다.

인공지능은 건설산업을 변화시키고 있습니다.

인공지능은 점점 더 지능화되고 있습니다. 인공지능은 더 많은 데이터를 학습하고 더 복잡한 문제를 해결할 수 있습니다. 예를 들어, 인공지능은 건설 현장의 CCTV 영상을 분석하여 사고를 예방하거나, 구조물의 손상을 실시간으로 감지할 수 있습니다. 수많은 상황을 미리 시뮬레이션 할 수 있는 디지털 트윈은 인공지능의 지능을 더욱 높여줄 것입니다.

인공지능은 점점 더 저렴해지고 있습니다. 인공지능 개발에 필수 하드웨어인 고성능의 GPU는 기술의 발전으로 점차 저렴해지고 있고, 수많은 인공지능 소프트웨어들은 오픈소스로 개발되고 사용자들에게 무료로 제공되는 등 더 많은 사람들과 기업들이 인공지능을 사용할 수 있게 되었습니다. 예를 들어, 오픈 AI의 ChatGPT와 구글의 Bard는 무료로 제공되고 있으며, 유료버전의 ChatGPT도 저렴한 가격으로 제공되고 있습니다.

인공지능은 점점 더 보편화되고 있습니다. 인공지능은 다양한 산업에서 사용되고 있으며, 건설산업도 예외는 아닙니다. 예를 들어, 건설 현장의 3D 프린터는 인공지능을 사용하여 건물을 설계하고, 제작하고, 시공할 수 있습니다. 인공지능을 활용하여 불확실한 지반의 상태를 파악하거나 기후 변화를 예측하여 홍수를 예방할 수도 있습니다.

건설기술인들이 변화해야 합니다.

앞으로 인공지능을 활용할 수 있는 기술자들은 그렇지 못한 기술자에 비하여 생산성이나 성과측면에서 앞서 나갈 수밖에 없습니다. 인공지능 시대에 발맞춰 건설기술인들은 인공지능을 이해하고 활용할 수 있도록 변화해야 합니다.

본 저서는 건설기술인들이 인공지능을 이해하고 활용하는데 실질적으로 도움이 될 수 있도록 건설기술인의 입장에서 고민하고 궁리하여 기획되었습니다. 건설기술인이 인공지능 시대에 변화하기 위해 필요한 기초지식을 제공하고 있으며, 인공지능의 기본 개념에서부터 건설산업에 적용되는 딥러닝 기술에 이르기까지 다양한 주제를 다루고 있습니다. 수록되어 있는 다양한 예시와 코드는 인공지능의 학습에 도움이 될 것입니다.

본 저서가 건설기술인들이 인공지능 시대를 준비하는데 도움이 될 수 있기를 바랍니다.

저자 일동

목 차

PART 1
Basics of Deep Learning

Contents

PART 2

Development of Deep Learning Model

Contents

PART 3

Applications of Deep Learning

Appendix
부록

PART 1

Basics of Deep Learning

DEEP LEARNING

CHAPTER 01

4차산업혁명의 이해

1.1 4차산업혁명의 목적

본 서적에서는 IT를 전공하지 않은 공학도들, 특히 건설공학도들을 위해 학교 수업에서 다루기 힘들었던 인공지능 기술 중 하나인 딥러닝 기술에 대해서 소개하여, 독자들이 딥러닝을 자유롭게 활용할 수 있도록 도움을 주는 것을 목적으로 한다.

2017년 알파고 쇼크와 함께 국내 대중들에게 본격적으로 각인되기 시작한 딥러닝 기반의 인공지능 기술은 20세기 중반에 개발된 기술인 인공신경망의 하나로써, 사실 새로운 기술은 아니다. 최근 인터넷 사용자의 폭발적 증가와 함께 기하급수적으로 증폭된 데이터들과 및 GPU를 활용한 병렬연산 기술인 GPGPU 기술이 개발되었는데, 이러한 시대적 흐름은 인공지능 기술의 효율과 효과가 증대될 수 있는 중요한 발판으로써 작용되었다[1].

데이터의 증폭 및 하드웨어 기술의 발달로, IT 기술의 폭발적 성장이 사회 전방위적으로 일어났고, 이를 통해 나타난 시대적 흐름을 "4차산업혁명"이라는 단어로 표현하고 있다. 최근 몇 년간 TV, 인터넷, 서적 등 다양한 매체를 통해 4차산업혁명이라는 키워드가 상당히 자주 출현되고 있는데, 이는 한국 사회에서도 4차산업혁명이 미래의 한국 사회에 미칠 영향을 예측하고, 새로운 비전을 제시하기 위한 노력을 반증하려는 것으로 생각된다.

4차산업혁명을 이루는 가장 중심적인 기술들로는 사물인터넷(Internet of Things, IoT), 빅데이터(Big Data), 인공지능(Artificial Intelligence, AI), 클라우드(Cloud), 증강현실(Augmented Reality, AR), 로봇(Robot) 등 수많은 IT 기반 기술이 존재하며,

이러한 많은 기술들은 서로 어우러져 시너지를 발휘하며 4차산업혁명 시대의 발전을 이끌어나가고 있다[2]. 모든 기술에 대해서 설명하면 좋겠지만, 본 서적에서는 네 가지 기술, 사물인터넷, 빅데이터, 인공지능, 클라우드를 통해 4차산업혁명이 진행되고 있는 방향에 대해서 집중적으로 서술하고자 한다.

원론적인 이야기지만, 4차산업혁명을 이해하기 위해서 18세기부터 시작된 1, 2, 3차 산업혁명을 간단히 살펴보자. 그림 1.1에서 볼 수 있듯이, 18세기에는 증기기관의 발명 및 방적기계의 발명을 통해 1차 산업혁명이 출현하였으며, 이를 통해서 공업 기반의 거대 산업화가 가능해졌다. 즉, 1차 산업혁명시대에서는 수공업에서 공장기반의 업무 형태로 변화하게 되어, 생산의 효율이 증가되고 생산성이 크게 증대될 수 있는 기반이 마련되었다.

19세기에는 인력중심의 기계화 혁명이던 시스템을 전기 에너지 기반으로 자동화시켜 대량 생산을 가능케 했던 2차산업혁명이 나타났다. 2차산업혁명시대에서는 1차 산업혁명의 가장 중요한 기술이었던 증기기관보다 더욱 효율이 좋은 전기 에너지를 활용한 기계를 이용하게 되고, 이를 통해 1차 산업혁명 이상의 효율을 발휘할 수 있는 대량 생산 시스템을 구축할 수 있었다.

20세기 후반에 들어서는 컴퓨터와 인터넷 기반의 지식정보 혁명을 일컫는 3차산업혁명이 나타났으며, 이를 통해 소비자에게 제공되는 서비스의 질을 크게 향상되었다. 지식정보 혁명은 2차산업혁명 시대까지는 존재하지 않았던 인터넷 및 인공위성 기반의 정보 공유 기술을 컴퓨터를 통해 적극 활용할 수 있도록 인류의 행동양식을 변화시켰다. 이를 통해 기존 보다 압도적으로 인류가 편리한 생활을 누릴 수 있도록 만들었다.

그림 1.1 1, 2, 3차 산업혁명의 개념

이러한 1, 2, 3차 산업혁명이 가져온 결과의 공통적인 사항을 한 문장으로 요약하면, 기존의 기술과 비교해, "비용 대비, 효율 극대화" 되었다고 말할 수 있다. 즉, 4차 산업혁명이 추구하고자 하는 목적 또한 기존 기술과 비교해, 비용 대비 효율을 극대화하는 방향으로 추구될 것이다.

최근 수년간에는 다양한 기술들을 중심으로 4차산업혁명이 진행되고 있다. 그림 1.2에서 볼 수 있듯이, 4차산업혁명시대는 사람, 사물, 공간을 포함한 모든 만물을 초연결하고, 초지능화 시켜 산업구조의 시스템을 효율적이며 효과적으로 혁신시키는 방향을 주안점으로 두고 있다. 이러한 4차산업혁명시대에서는 주목해야 할 부분은 '초연결'과 '초지능화'이다. 이러한 '초연결'과 '초지능화'가 앞서 서술한 '비용 대비, 효율 극대화'를 위해 어떻게 개발되고 있는지 네 가지 기술(사물인터넷, 빅데이터, 인공지능, 클라우드)의 예를 면밀히 살펴보면서 4차산업혁명시대가 나아가는 방향에 대해서 생각해 보자.

그림 1.2 네가지 기술로 요약된 4차산업혁명의 초연결 및 초지능화

1.2 사물인터넷

4차산업혁명의 네 가지 주요 기술들은 그림 1.3과 같은 형태로 서로 연결되어 사용된다. 먼저 사물인터넷의 예를 살펴보자. 사물인터넷 기술을 가장 잘 나타내주는 대표적인 디바이스로는 누구나 하나씩 가지고 있는 바로 스마트폰이다. 스마트폰 내에는 밝기 센서, 가속 센서, 모션 센서, 자이로 센서, 지문인식 센서, 근접 센서, 카메라 센서 등 수많은 계측기가 내재되어 있다. 스마트폰 내 센서들은 우리가 알게 모르게 계속해서 데이터를 수집 및 분석하고 있다. 스마트폰 뿐 아니라, 우리가 일상생활에서 쉽게 볼 수 있고, 실제로도 자주 사용하고 있는 웨어러블 기기, 자동차, 가전제품 등의 다양한 기기들은 우리가 상상할 수 없는 정도의 양을 가진 다양한 데이터들을 지금도 계속해서 생성하고 있다.

그렇다면 이렇게 많은 데이터를 축적하는 이유는 무엇일까? 사물인터넷의 핵심은 다양한 디바이스들은 인터넷을 통해 서로, 또 다중으로 연결되어 더욱 다채로운 상황에 대처할 수 있도록 도와주고, 인공지능을 센서에 탑재시켜 간단한 의사결정을 직접 수행할 수 있도록 만들어 주는 것이다. 거꾸로 생각해보자면, 의사결정을 수행하기 위해서는 다양한 상황에 대한 정보가 필요해지고, 다양한 상황에 대해서 알기 위해선 여러 센서들이 협업을 통해 상황에 대한 정보를 분석할 수 있어야 한다. 앞서 말했듯 비용대비 효율성을 극대화하기 위한 4차산업혁명 시대에서 의사결정자 없이 센서가 직접 상황에 따른 의사결정을 자동으로 수행할 수 있다는 사실 자체가 4차 산업혁명시대가 요구하는 모습과 정확히 부합하고 있음을 알 수 있다.

그림 1.3 대표적 IoT 기기 스마트폰

1.3 빅데이터와 클라우드

한편, 사물인터넷을 사용하게 된다면, 우리가 상상할 수 없는 수준의 양을 가진 데이터가 빠른 속도로 생성된다. 이를 적절히 분석하기 위해선, 데이터는 각 PC 혹은 인터넷 서버 등 어딘가에 저장된 형태로 존재해야 한다. 또한 사물인터넷을 통해 얻을 수 있는 다양한 센서 데이터뿐 아니라, 플랫폼 산업의 발전과 더불어 엄청난 양의 데이터(텍스트, 이미지, 소리 등)가 인터넷을 통해 생성되고 있다. 이렇게 생성된 데이터는 큰 데이터 집합을 이뤄 저장될 수 있는데 2012년 IT 컨설팅 전문업체인 가트너(Gartner)에서는 이 거대 데이터 집합을 빅데이터라 명명하였다.

가트너에서 2012년 정의한 빅데이터의 정의는 3V의 특징을 가지고 있으며, 3V는 데이터의 양(Volume), 데이터의 생성 속도(Velocity), 데이터의 다양성(Variety)을 말한다(그림 1.4 참고). 즉, 데이터의 양이 충분히 거대하고, 데이터의 생성 속도가 상당히 빠르며, 데이터가 가지고 있는 다양성이 충분한 데이터 집합을 빅데이터라고 이야기한다.

먼저 빅데이터가 가진 3V 특징의 측면에서 생각해보자면, 실제로 우리가 사용하는 다양한 디바이스에서는 우리가 상상할 수 없는 정도의 양을 가진 데이터가 여러분이 이 책을 읽고있는 지금 이 순간에도 생성되고 있을것이며, 더 많은 디바이스가 추가되는 현재 생성되는 데이터의 숫자는 너무나 방대하다. 이는 데이터 관리 측면에서 생각할 때, 데이터 유지관리의 어려움으로 이어진다. 이 때, 데이터 저장 주체들은 디바이스 내에 이러한 데이터를 직접 저장해 활용하지 않고, 인터넷을 통해 전문적인 데이터 보관 시설로 이동시켜 저장하는 형태를 생각해볼 수 있게 된다. 이는 우리가 자주 사용하는 구글 드라이브와 같은 형태로 시공간의 제약없이 제공될 수 있는데, 이러한 기술을 마치 언제, 어디에나 있는 구름에서 끌어다 쓰는 것과 같다하여 이를 클라우드라 이야기한다.

그림 1.4 빅데이터의 정의: 3V

일반적으로 클라우드 서비스를 구글 드라이브처럼 저장공간만을 어플리케이션 형태로 제공하는, 소프트웨어 형식으로만 생각하는 경향이 있다. 사실 클라우드 서비스는 소프트웨어 뿐 아니라 하드웨어까지 대여해줄 수 있는 서비스를 말한다. 대표적인 서비스로 아마존의 Amazone Web Service (AWS)[3], 마이크로소프트의 Azure[4], 구글의 Google Cloud Platform (GCP)[5] 등이 있고, 해당 기술을 활용하면 서버의 OS 종류, CPU 및 RAM, GPU 개수와 사양 등 다양한 소프트웨어 및 하드웨어 활용 환경을 선택할 수 있다.

다시 빅데이터 이야기로 돌아와보자. Gartner에서 빅데이터를 3V로 정의한 2년 뒤인 2014년에 Gatner는 다시 빅데이터의 특징이 5V라고 재정의하였다(그림 1.5 참고). 재정의된 5V에는 기존 3V와 더불어 데이터의 정확성(Veracity), 데이터가 내포한 가치(Value)를 포함하고 있다. 이번에는 빅데이터의 양적 측면이 아니라, 질적 측면, 바로 가치를 내포하느냐에 대한 문제에서 생각해보자.

그림 1.5 빅데이터의 정의: 5V

우리가 플랫폼을 이용했든, 사물인터넷을 이용했든, 엄청난 데이터를 축적했다고 생각해보자. 그 데이터들을 얻은 이유는 무엇인가? 아마 해당 데이터를 통해 우리가 원하고자 하는 목적을 달성하기 위함일 것이다.

가령, 우리가 토익 시험을 준비한다고 생각해보자면, 시험에서 높은 성적을 얻기 위해서 다양한 문법, 단어 등을 공부하고, 수많은 기출문제들을 풀어보면서 시험을 잘 볼 수 있는 노하우를 쌓게 된다. 여기서 토익시험의 고득점을 하겠다는 것이 우리의 목적이고, 문법, 단어, 기출문제 등이 바로 목적을 이루기 위한 다양한 데이터가 된다. 문법, 단어 학습 및 기출문제 풀이를 통해서 문제를 풀 수 있는 노하우를 얻어낼 수 있는데, 이것이 바로 데이터로 얻어낸 가치에 해당하는 것이다.

그런데, 여기서 토익시험을 준비하는데 내가 가진 데이터가 수학 문제집뿐이라면 어떻게 될까? 당연히 토익시험의 고득점은 할 수 없을 것이다. 즉, 데이터가 우리의 목적에 부합하는 가치를 가지고 있지 않다면 아무리 많고, 다양하다고 하더라도 그 데이터는 그저 부피만 차지하고 있는 쓰레기일 뿐이다. 따라서 빅데이터의 수집에는 수집 목적에 대한 철저한 분석이 반드시 수반되어야 하며, 빅데이터는 그 목적에 부합하는 가치를 지니고 있어야만 한다.

1.4 인공지능

그렇다면, 토익 고득점을 획득할 수 있는 노하우는 누구나 가질 수 있는 것 일까? 정말 훌륭한 토익관련 서적을 가지고 공부하더라도, 사람마다 공부하는 스타일과 습관, 노력정도 등이 다르기 때문에, 어떤 사람은 서적을 통해 노하우를 쉽게 터득하는 반면, 어떤 사람은 전혀 노하우를 터득하지 못하기도 한다. 또한, 노하우를 쉽게 터득했다고 하더라도 토익 고득점을 위해선 그와 별개로 상당한 노력이 필요할 수밖에 없다. 다시 말해, 우리의 목적에 맞는 적절한 빅데이터가 모였다고 하더라도, 빅데이터가 가진 가치와 효용을 극대화 시키도록 빅데이터를 분석하는 것은 상당히 어려운 문제이다.

빅데이터가 가진 양적 측면을 고려할 때, 다양한 형식의 수많은 데이터를 빠르게 처리할 수 있어야 한다. 사람과 인공지능을 비교해보자면, 사람은 새로운 상황에 대해 오감 데이터를 받아들여 순간적이고 직관적으로 판단을 내리는데 능하지만, 복잡한 형태의 데이터를 반복적으로 처리하는 데는 능하지 않다. 반면 인공지능은 사람과 달리 편견이 없으며, 복잡한 형태의 데이터의 반복적인 분석에 있어 탁월하다. 이러한 특징을 기반으로 할 때, 빅데이터 분석에 인공지능을 사용하게 되면 사람이 발휘할 수 있는 성능을 능가할 수 있는 가능성이 있다. 즉, '비용 대비, 효용 극대화'를 위해 빅데이터 최적 분석이 필요하며, 이 때 가장 큰 능력을 발휘할 수 있는 기술이 인공지능이다. 이것이 바로 인공지능이 4차산업혁명의 핵심 기술 중 하나가 될 수밖에 없는 이유이다.

인공지능은 우리가 상상하는 것 보다 더 큰 범주를 가지고 있는 기술이다. 인공지능은 인간이 지닌 지적 능력을 기계에 구현한 기술이며, 전문가시스템 및 머신러닝 등을 모두 포괄하는 용어이다. 인공지능의 세부 기술로써 머신러닝이 존재하고, 머신러닝의 다양한 기술 중 하나가 최근 다양한 산업 및 분야에서 사용되고 있는 인공신경망 기술이다. 본 서적에서 우리가 집중적으로 배우려는 딥러닝은 이러한 인공신경망의 기술 중 하나이다. 다음 챕터 2 부터, 이러한 딥러닝 기술에 대해서 기초부터 차근차근 알아보도록 하자.

CHAPTER 02

모델

2.1 모델이란?

우리가 이 책에서 중점적으로 다루고 있는 딥러닝 기술을 활용하기 위해선 우리의 목적(분류, 예측 등)에 맞게 설계된 딥러닝 모델을 만들어 활용해야 한다. 딥러닝 모델을 이해하기 위해선 우선적으로 모델에 대한 이해가 필요하다.

일상생활에서 우리가 통상적으로 이야기하는 대표적인 모델은 패션 모델을 떠올릴 수 있다. 패션 모델의 역할은 디자이너가 만든 옷의 장점을 최대한 부각시켜 소비자들에 보여주는 것이다. 이에 따라 다양한 브랜드에서는 각 브랜드에 알맞은 모델들을 섭외하고 섭외된 모델에게 각 브랜드의 옷을 입혀 브랜드의 옷을 홍보하도록 한다. 패션 모델의 역할을 입력값(Input)과 출력값(Output)으로 생각해 본다면, 패션모델에게 주어지는 옷은 입력값이 될 것이고, 출력값은 옷을 입은 패션 모델이 될 것이다. 여기서, 옷을 만든 브랜드사는 다양한 패션 모델들을 비교하여, 옷을 가장 잘 표현할 수 있는(다시 말해, 출력값이 가장 좋은 형태로 나타날 수 있는) 모델을 선정하게 된다. 이 때, 적절한 모델이 섭외될 경우, 팔고자 하는 옷을 잘 부각시킬 수 있어 해당 옷에 대한 높은 매출이 기대될 수 있지만, 반대로, 그렇지 않을 경우 해당 옷의 매출이 늘지 않고 오히려 떨어질 가능성도 있다.

이러한 패션 모델 선정 과정은 딥러닝 모델의 선정 과정과 사실상 동일하다(표 2.1). 예를 들어 사진 분류 딥러닝 모델을 개발한다고 가정한다면, 입력값으로 사진 데이터가 주어질 것이고, 출력값으로는 입력으로 들어온 사진데이터를 각 클래스(Class)로 분류한 결과값을 나타낼 것이다. 이때, 딥러닝 모델 개발자는 가장 올바른 출력값을 나타낼 수 있는 모델을 선정하여 활용한다. 이러한 모델 선정 과정을 기반할 때, 모델이란 것은 어떠한 입력값이 주어졌을 때 이루고자 하는 목적을 가장 잘 성취할 수 있는 출력값을 나타낼 수 있는 시스템으로 정의될 수 있다.

표 2.1 패션 모델과 비교한 딥러닝 모델

패션모델	모델 구분	사진분류 딥러닝 모델
옷	INPUT	사진 데이터
옷을 입은 패션 모델	OUTPUT	사진 분류 결과
옷의 장점을 부각	목적	사진 분류 정확도 최대화

일반적으로 모델은 종속변수 Y(출력값)와 독립변수 X(입력값) 간의 관계를 잘 나타낼 수 있는 함수식으로 표현된다. 이를 가장 간단하게 표현하자면 초등학교 수학시간에 배우던 그림 2.1과 같은 상자 모형을 통해 표현할 수 있다. 해당 상자는 X라는 입력값을 얻게 되고, 이를 상자가 가진 패턴(함수)을 활용해 Y로 변환시킨다. 일반적으로 $F(X)$는 데이터를 통해 학습되어 정의되게 된다. 그림 2.1과 같은 상자모형에서, $F(X) = W \cdot X$ 라 정의한다면, X와 Y의 상관관계는 W에 의해 정의된다. 만약 해당 $F(X)$ 모델에 $X = \{1, 3, 5\}$ 의 값이 입력값으로 사용되었을 때, $Y = \{2, 6, 10\}$ 의 결과값을 얻었다면, W는 2로 정의 될 수 있다. 이렇게 데이터를 통해 모델이 학습되는 과정(W를 도출하는 과정, 입력값과 결과값의 상관관계를 나타내는 과정)을 모델의 학습이라고 이야기한다.

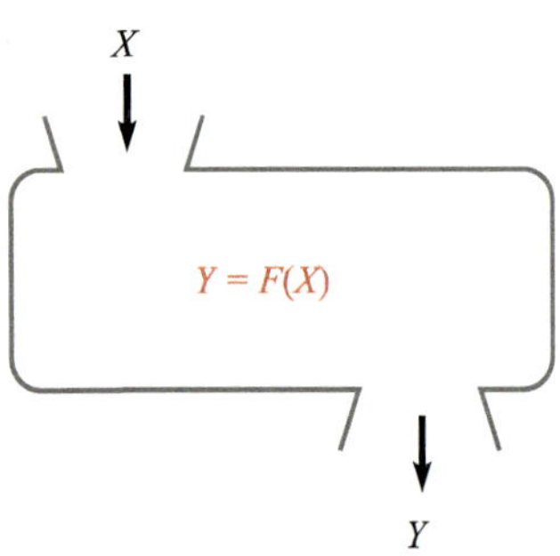

그림 2.1 일반적인 모델

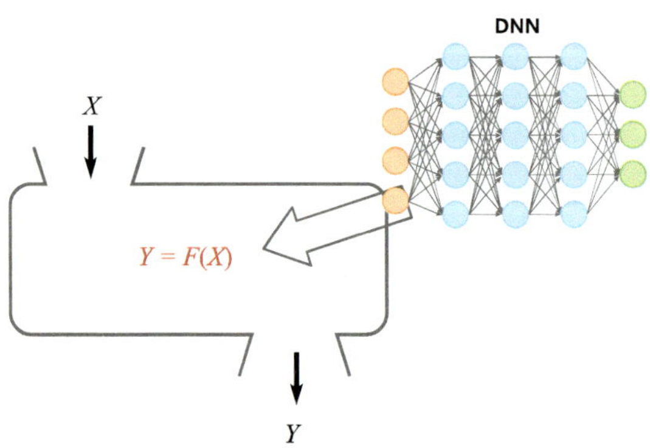

그림 2.2 딥러닝 모델

만약 이 때, 그림 2.2와 같이 모델 함수식에 딥러닝을 사용한다면 그림 2.2의 모델은 딥러닝 모델이 된다. 즉, 딥러닝 모델이란 X와 Y의 관계를 잘 설명할 수 있는 모델로써 단지 딥러닝을 활용한 것이다.

2.2 통계 모델 개발 맛보기

딥러닝 모델을 좀 더 쉽게 이해하기 위하여, 딥러닝 모델의 기초가 되는 통계 모델(Statistical Model)에 대해서 먼저 알아볼 필요가 있다.

통계모델이란, 함수, 공식 등으로 표현되는 수학적 모델의 하나로써, 그 함수는 다수의 데이터로부터 구성되는 모형을 말한다. 데이터로 구성되므로 함수는 불확실성을 가지게 되는데, 일반적으로 모델 개발은 이러한 불확실성을 최소화 하는 방향, 즉, 오차(Error)를 최소화하는 방향으로 수행된다. 딥러닝 모델에서는 이러한 오차를 손실(Loss 혹은 Cost)이란 용어로 표현하는 것이 일반적이다.

본 챕터에서 모델 개발을 간단히 경험해보기 위해, 통계 모델의 꽃이라 불리는 선형회귀 모델(Linear Regression Model)을 개발해보자. 선형회귀 모델은 종속변수 Y와 한 개 이상의 독립변수 X가 존재할 때, X와 Y의 상관관계를 가장 잘 설명할 수 있는 하나의 선형 모델을 찾아내는 것을 말한다. 회귀 모델의 형태는 식 2.1과 같다. 이러한 회귀 모델을 개발하는 코드를 활용해 모델 개발을 경험해보자.

$$Y = \beta X + \alpha \quad \text{(식 2.1)}$$

건설기술연구원의 공사비원가관리센터에서는 2000년 1월부터, 매월 건설 공사비의 증가 지표를 나타내는 "건설공사비지수"를 제공하고 있으며, 해당 데이터는 건설기술연구원 공사비원가관리센터 홈페이지[1] 혹은 통계청 국가통계포털 홈페이지[2]에서 다운로드가 가능하다. 본 회귀분석 예제에서는 통계청 국가통계포탈에서 다운받은 2000년 1월부터 2021년 10월까지의 전체 건설산업에 대한 건설공사비지수를 이용한다. 용이한 분석을 위해 수정된 데이터 셋은 저자 홈페이지[3]1)를 통해 공유되며, 사용된 데이터 셋은 'regression_con_cost_index.csv' 파일이다. 예제는 구글 코랩을 활용할 수 있으며, 코랩에 대한 설명과 데이터 셋을 활용하는 방법은 본 책의 부록을 참고하길 바란다.

1) https://sites.google.com/view/kanghyeok/home

1 건설 공사비 지수 예측을 위한 회귀분석 모델을 개발하기 위해 우선 파이썬 라이브러리 Pandas를 이용해 파일을 불러온다.

```
# Library 로드
import pandas as pd

# 데이터 로드
dat = pd.read_csv('regression_con_cost_index.csv')

# 데이터 확인
dat
```

Console Output:

	Time	Index
0	2000. 01	54.09
1	2000. 02	54.02
2	2000. 03	54.15
3	2000. 04	54.15
4	2000. 05	54.15
...	...	...
247	2020. 08	118.10
248	2020. 09	119.87
249	2020. 10	119.90
250	2020. 11	120.22
251	2020. 12	121.80

252 rows × 2 columns

2 현재 로드된 CSV 파일은 'dat' 변수에 Pandas의 데이터 프레임 형식으로 저장되어 있다. 'dat' 데이터 프레임 내 'Time' 열에는 년도와 월이 표기되어 있으므로, 이를 편하게 다루기 위하여 순서가 있는 숫자로 변환하여 활용한다. 2000년 1월이 0으로 시작되어 2020년 12월이 251로 마무리 된다.

```
# Library 로드
import numpy as np

dat["Time"] = np.arange(252)
```

3 변환된 dat 변수의 건설공사비 지수를 Matplotlib 라이브러리를 활용해 그림 2.3과 같이 그래프로 확인해본다. 그림 2.3을 통해 볼 수 있듯이, 건설 공사비지수는 계속해서 우상향 하고 있는 것을 확인할 수 있다.

```
# Library 로드
import matplotlib.pyplot as plt

# 그래프 Plot
plt.ylabel('Construction Cost Index')
plt.xlabel('Date')
plt.plot(dat["Time"], dat["Index"])
plt.show()
```

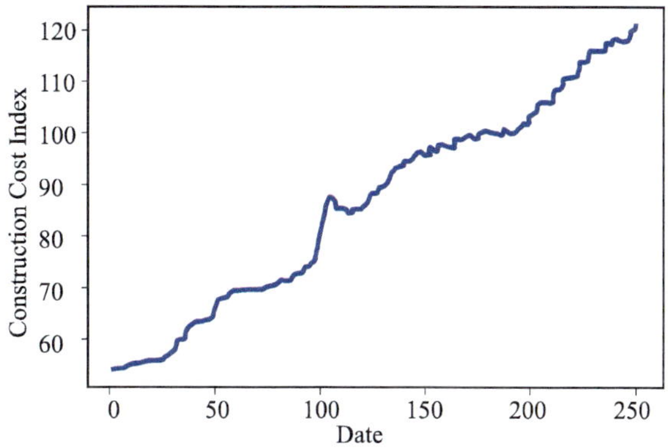

그림 2.3 2000년 1월부터 2020년 12월까지의 건설 공사비 지수 그래프

4 만약, 2022년 4월의 건설공사비 지수를 예측한다고 할 때, 우리가 모델 개발에 이용할 수 있는 데이터는 어느 시점까지 일까? 상식적으로 생각해봐도, 2022년 4월 바로 이전까지 수집되었던, 2022년 3월까지의 과거 데이터만 활용할 수 있다. 이러한 개념에서, 2022년 3월까지의 데이터는 학습(Training) 데이터가 될 것이고, 2022년 4월의 데이터는 검증(Test) 데이터로 활용되게 된다. 이러한 모델 개발 과정에서 기억해야 할 점은 학습을 위한 데이터 셋과 검증을 위한 데이터 셋은 필수적으로 구분되어야 한다는 점이며, 일반적으로 학습과 검증을 위한 데이터 셋은 대략 7:3, 8:2의 비율로 나누어 구성한다. 특히, 검증을 위한 데이터 셋은 절대로 학습 과정에 활용되면 안된다는 것을 꼭 기억하길 바란다.

본 실습에서도 회귀분석을 활용한 예측 모델을 만들기 위해서 건설공사비 지수의 데이터를 학습 데이터 셋과 검증 데이터 셋으로 나눈다. 본 분석에서는 2000년부터 2019년까지의 19년간 데이터를 학습 데이터로 활용하여 2020년의 건설공사비지수를 예측한다고 가정하였다.

본 분석에서 사용된 회귀분석 모델은 머신러닝 및 통계분석에 자주 사용되는 'scikit-learn' 라이브러리의 'linear_model()' 모듈을 사용하였다. 'linear_model()' 모듈의 경우, 모듈의 입력 인자로 2차원 배열을 입력받는 함수이므로, 'reshape' 기능을 통해 1차원 배열을 2차원으로 변경하도록 하였다.

```
# 학습 및 검증 데이터 셋 나누기 (2010~2019년 학습. 2020년 테스트)
train_data = dat[:240]
test_data = dat[240:]

# 학습 데이터 셋과 검증 데이터 셋 데이터 종속변수(Y)와 독립변수(X)로 나누기
X_train = (train_data["Time"].values).reshape(-1,1)
Y_train = train_data["Index"].values
X_test = (test_data["Time"].values).reshape(-1,1)
Y_test = test_data["Index"].values
```

5 본격적으로, 'scikit-learn' 라이브러리의 'linear_model()' 모듈을 활용하기 위해, 선형회귀 모델을 정의하고, 학습 데이터 셋을 활용해 모델을 학습하도록 한다. 모델의 학습은 'fit()' 모듈을 이용하여 수행된다. 학습 결과, 선형회귀 식 2.1의 Coefficient (β)는 0.27, Intercept (α)는 52.30으로 정의됨을 확인할 수 있다.

```
# Scikit-learn Library 로드
from sklearn import linear_model

# 선형회귀분석 모델 정의
reg_model = linear_model.LinearRegression()

# 학습 데이터 셋을 활용해 선형회귀 모델을 학습
reg_model.fit(X_train, Y_train)

# 학습된 선형회귀 모델의 Coefficient (Beta) 와 Intercept(Alpha)
print("Coefficients: \n", reg_model.coef_)
print("Intercept: \n", reg_model.intercept_)
```

```
Console Output:
Coefficients: [0.27128702]
Intercept: 52.29557572614109
```

학습된 모델을 활용하여, 2020년 1년간의 건설공사비 지수를 예측할 수 있다. 'linear_model' 모듈의 predict 기능을 활용해 건설 공사비 지수를 예측한 결과, 평균 제곱 오차(Mean Squared Error, MSE)가 0.56으로 나타났다. 여기서 MSE는 공사비 지수를 잘 예측했는지 파악할 수 있는 손실함수(Loss Function)로써, 식 2.2와 같이 정의된다. 여기서 y_i는 예측된 공사비 지수를 의미하며, $\hat{y}_i$ 은 실제 공사비 지수를 의미한다.

$$MSE = \frac{1}{N}\sum_{i=1}^{N}\left(y_i - \hat{y}_i\right)^2 \quad \text{(식 2.2)}$$

```
# MSE 결과 도출을 위한 라이브러리 로드
from sklearn.metrics import mean_squared_error

# 2020년의 건설공사비 지수 예측
Y_pred = reg_model.predict(X_test)

# MSE 결과 도출
print("Mean squared error: %.2f" % mean_squared_error(Y_test, Y_pred))
```

```
Console Output:
Mean squared error: 0.56
```

7 예측된 결과를 도식화하기 위한 코드와 도식화 결과는 다음과 같다. 각 점은 2020년 1월부터 12월까지의 실제 건설공사비 지수를 의미하며, 파란색 선은 학습된 선형회귀 모델을 보여주고 있다. 학습된 선형회귀 모델을 활용해 우상향하는 건설공사비 지수 동향을 예측할 수 있음을 보여준다.

```
# 결과값 출력
plt.scatter(X_test, Y_test, color="black")
plt.plot(X_test, Y_pred, color="blue", linewidth=3)

plt.ylabel('Construction Cost Index')
plt.xlabel('Date')

plt.show()
```

Console Output:

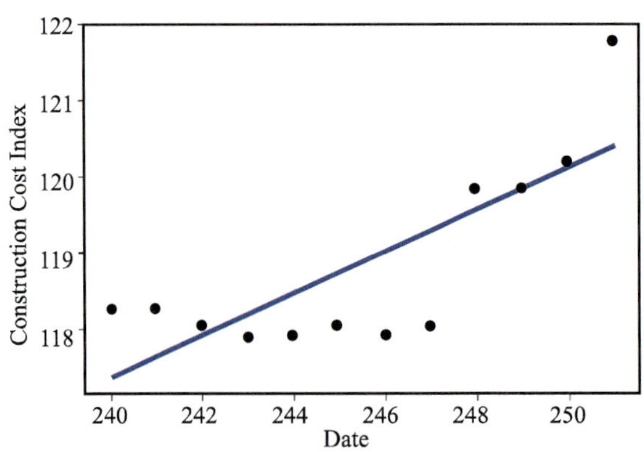

아래의 코드는 본 분석을 수행하기 위한 전 과정의 코드를 보여준다.

Chapter2_regression.ipynb

```
# Library 로드
import pandas as pd
import numpy as np
import matplotlib.pyplot as plt
from sklearn import linear_model

# 데이터 로드
dat = pd.read_csv('regression_con_cost_index.csv')

dat["Time"] = np.arange(252)

plt.ylabel('Construction Cost Index')
plt.xlabel('Date')
plt.plot(dat["Time"], dat["Index"])
plt.show()

# 학습 및 검증 데이터 셋 나누기 (2010~2019년 학습. 2020년 테스트)
train_data = dat[:240]
test_data = dat[240:]

# 학습 데이터 셋과 검증 데이터 셋 데이터 종속변수(Y)와 독립변수(X)로 나누기
X_train = (train_data["Time"].values).reshape(-1,1)
Y_train = train_data["Index"].values
X_test = (test_data["Time"].values).reshape(-1,1)
Y_test = test_data["Index"].values

# 선형회귀분석 모델 정의
reg_model = linear_model.LinearRegression()

# 학습 데이터 셋을 활용해 선형회귀 모델을 학습
reg_model.fit(X_train, Y_train)
```

```
# 학습된 선형회귀 모델의 Coefficient (Beta) 와 Intercept (Alpha)
print("Coefficients: \n", reg_model.coef_)
print("Intercept: \n", reg_model.intercept_)

# MSE 결과 도출을 위한 라이브러리 로드
from sklearn.metrics import mean_squared_error

# 2020년의 건설공사비 지수 예측
Y_pred = reg_model.predict(X_test)

# MSE 결과 도출
print("Mean squared error: %.2f" % mean_squared_error(Y_test, Y_pred))

# 결과값 출력
plt.scatter(X_test, Y_test, color="black")
plt.plot(X_test, Y_pred, color="blue", linewidth=3)

plt.ylabel('Construction Cost Index')
plt.xlabel('Date')

plt.show()
```

CHAPTER 03

딥러닝 모델

3.1 딥러닝 모델 개념

딥러닝(Deep Learning)이란 모델이 더 좋은 성능을 가질 수 있도록 그 모델을 기존의 모델들 보다 더욱 깊게(Deep) 개발한 머신러닝 기술이라고 말할 수 있다. 일반적으로 딥러닝이라 지칭하면 인공신경망(Artificial Neural Network)의 층(Layer)이 깊은 심층신경망(Deep Neural Network)를 의미하는 경우가 많다. 즉, Deep의 의미는 그림 3.1과 같이 신경망의 은닉층(Hidden Layer)이 깊어지는 것을 의미한다.

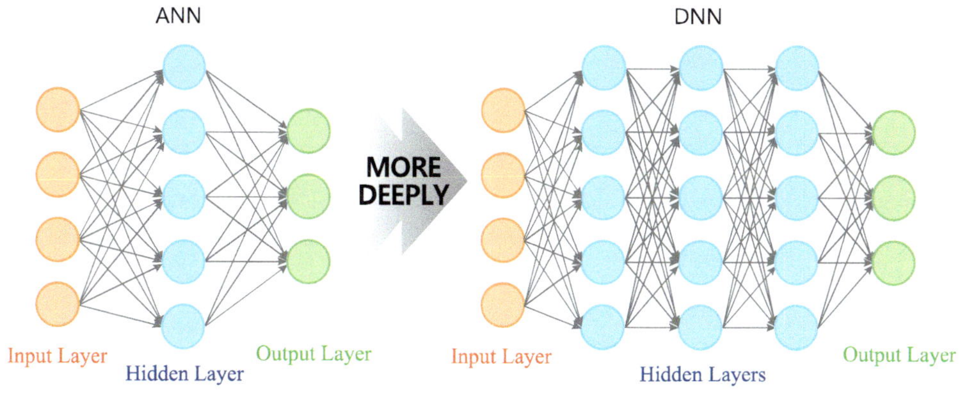

그림 3.1 인공신경망과 심층신경망의 차이

과거부터 이야기하는 딥러닝 기술들은 일반적으로 은닉층의 개수가 3개 이상이라고 이야기하곤 하였다[1]. 하지만, 2010년대부터 최근까지 개발되고 있는 다양한 딥러닝 기술(Alexnet[2], VGG16[3], Resnet[4] 등)들을 살펴보면 은닉층의 깊이가 점점 깊어지는 형태로 개발되고 있음을 확인할 수 있다. 이는, 딥러닝 모델의 깊이가 더욱 깊어질수록 더 좋은 성능을 낼 수 있음을 보여주고 있다.

어떤 이유로 딥러닝 모델의 깊이가 깊어지면 성능이 좋아지는지는 딥러닝의 기초가 되는 인공신경망의 개념을 통해 유추할 수 있다. 인공신경망은 인간의 뇌 작동하는 방법을 본 따 만든 개념이다. 인간의 뇌는 체중 대비 뇌의 무게와 뇌 속 신경세포의 밀도가 다른 짐승들에 비해 월등히 높다는 특징을 가지고 있다[5]. 이에 따라 인간의 뇌는 다른 짐승들이 할 수 없는 고등적인 생각을 할 수 있도록 해준다. 즉, 깊이가 깊어진다는 이야기는, 뇌의 무게 및 신경세포의 밀도가 높아진다는 이야기로 해석할 수 있다. 따라서 일반적으로 딥러닝 모델의 레이어 및 노드(Node)의 숫자가 많아지게 되면 모델의 성능이 점차 높아질 가능성이 많아진다. 물론, 모든 경우에 깊이와 성능에 비례하는 경향을 보이는 것은 아니며, 모델 개발의 여러 가지 환경에 따라서 달라질 가능성은 존재한다. 이에 대해서는 추후 상세한 모델 개발의 내용을 살펴 볼 때, 논의할 예정이다.

3.2 딥러닝 개발 모델 목적

인공지능은 사람을 대체할 수 있는 기술 개발을 궁극적인 목적으로 한다. 사람을 대체할 수 있는 인공지능을 개발하기 위해선, 사람의 다섯 가지 감각(시각, 청각, 후각, 촉각, 미각)을 통해 인식할 수 있는 정보들 동일하게 인식할 수 있도록 흉내 낼 수 있어야 하는데, 다섯 가지 감각들 중 가장 개발속도가 빠른 기술은 시각 정보를 분석할 수 있는 이미지 분석 기술이다. 이미지 분석 기술들은 시각적 형태로 나타나는 데이터를 효과적으로 분석하고, 해당 이미지에서 얻을 수 있는 다양한 정보(이미지의 종류, 이미지 내 객체의 위치, 객체의 행동, 같은 객체를 그룹화 등)를 추출해내는데 목적을 두고 있다. 예를 들어 가장 대표적인 기술들로는 그림 3.2와 같이, 분류(Classification), 검출(Detection), 분할(Segmentation), 캡셔닝(Captioning) 등이 있다.

(a) 분류(Classification) (b) 검출(Detection)

(c) 분할(Segmentation) (d) 캡셔닝(Captioning)

그림 3.2 다양한 이미지 처리 기술들

그림 3.2에서 볼 수 있는 다양한 이미지 분석 방법들 중 가장 기초가 될 수 있는 이미지 분석 기술은 바로 이미지 분류 기술이다. 이미지 분류 기술은 하나의 이미지가 입력 데이터로 이용될 때, 해당 이미지의 클래스(혹은 라벨)를 정확히 맞추는 것을 목적으로 한다. 본 Part 1에서는 이러한 이미지 분류 기술을 주로 사용하여 딥러닝의 기초를 설명할 예정이다.

이미지 분류 기술의 대한 자세한 설명을 위해 Part 3에서 실습할 데이터를 잠시 이용하려고 한다. 본 책의 Part 3에서는 Part 1, 2에서 배운 기술을 활용해 실제로 저자의 연구팀이 취득했던 이미지를 딥러닝으로 분석하는 방법을 실습해볼 예정이며, 실습을 통해 개발하고자 하는 이미지 분류기의 목적은 그림 3.3에서 볼 수 있는 것처럼 12개의 건설 소공구를 분류할 수 있는 모델을 개발하는 것이다. 실습을 위한 데이터와 스크립트, 이에 대한 상세한 설명은 저자의 사이트[6]2)에서 확인할 수 있다.

그림 3.3 이미지 분류기 개발을 위한 데이터[7] (챕터 16 참고)

2) https://sites.google.com/view/kanghyeok/home

본 실습에서의 이미지 분류를 챕터 2에서 설명한 상자 모델과 함께 설명하자면, 그림 3.4와 같은 망치 이미지가 입력 데이터로 활용된다면, 이미지 분류 딥러닝 모델은 종속변수로 이를 "망치"라는 클래스로 분류하게 된다. 이 때, 미리 정의된 클래스만이 이미지 분류 딥러닝 모델이 종속변수로써 응답할 수 있는 클래스의 후보군으로 설정되므로, 본 실습에서는 12개 소공구 클래스들 중 하나로만 응답이 가능하게 될 것이다. 즉, 실습의 최종 목적은 이미지 데이터를 12개 클래스로 잘 구분할 수 있는 딥러닝 모델 $F(X)$를 구축하는 것으로 생각할 수 있다.

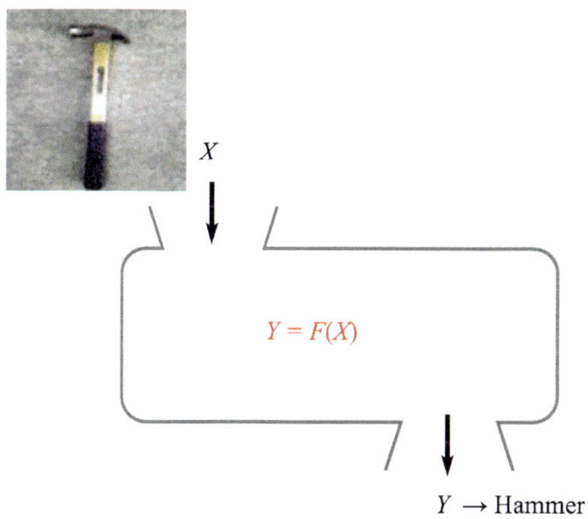

그림 3.4 이미지 분류를 위한 상자 모델

딥러닝 모델을 활용하는 이미지 분류는 컴퓨터가 수행한다. 특히, 컴퓨터는 사람과 달라서 이미지가 가지고 있는 복합적인 정보들을 한 번에 파악하지 못한다. 또한, 사람은 이미지를 다양한 색상과 형상의 조합으로 인식하여 한 눈에 분류할 수 있지만, 컴퓨터는 이미지에 대한 정보를 단지 수많은 숫자들의 집합으로 인식할 뿐이다. 한편 같은 물체를 촬영한다고 하더라도 촬영되는 카메라의 각도가 미세하게 변하게 되면, 숫자로 이루어진 이미지 정보는 상당하게 달라질 수 있다. 즉, 같은 물체를 촬영한 각각 이미지라도 컴퓨터 입장에서 다른 이미지로 인식할 수 있는데, 이러한 사람과 컴퓨터의 사진 의미 이해의 차이를 의미론적 차이(Semantic Gap)라고 말한다.

(a) 물체의 변형 (b) 물체 가려짐

(c) 배경과 비슷한 형태의 물체 (d) 다양한 물체의 종류

그림 3.5 이미지 분석이 어려운 이유

특히, 앞서 이야기한 카메라 각도에 따른 변형 뿐 아니라, 그림 3.5와 같이 고양이가 몸을 비트는 경우(물체의 변형), 이불에 가려져 있는 경우(물체 가려짐), 고양이의 털과 유사한 색깔의 이불 위에 있는 경우(배경과 비슷한 형태의 물체), 다양한 종이 함께 존재하는 경우(다양한 물체의 종류) 등의 이슈들은 이미지 분류 기술이 해결해야만 하는 문제들이다.

이를 위해서, 기존에는 다양한 이미지 필터를 활용해 이미지 분류기를 개발해 왔다. 그림 3.6은 기존의 이미지 필터(Filter)를 이용해 이미지 분류를 수행하는 모습을 보여준다. 여기서 이미지는 독립변수인 X가 되며, 이미지 분류의 결과는 Y가 된다. 입력 데이터로 활용되는 이미지는 우선적으로 특징값(Feature)으로 변환되고 난 뒤, 특징값을 기반해 종속변수인 Y, 클래스로 분류되도록 개발된다. 이 때 이미지로부터 특징값을 추출하기 위해서, 기존 기술들에서는 다양한 이미지 프로세싱 기술을 활용한 필터를 사용한다. 예를 들어, 그림 3.6에서 볼 수 있듯이 Sobel 필터를 활용하면 이미지 내 객체의 윤곽선이 도드라지는 효과를 얻을 수 있다. 만약 이미지 내 객체의 특성상, 물체의 형태가 클래스를 구분하는 가장 중요한 정보라면, Sobel 필터로 객체의 윤곽선이 부각된 특징값을 이미지 분류에 활용하는 것이 원본 이미지만을 활용하는 것보다 성능 향상에 도움이 된다.

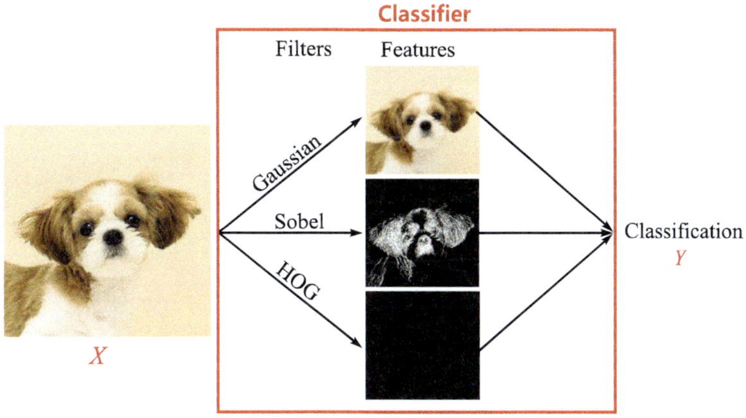

그림 3.6 이미지 프로세싱 기술 기반 이미지 분류기 필터(Filter)

3.3 데이터 기반 접근법

이미지 분류기의 작동 순서를 고려했을 때, 성능을 높일 수 있는 방법은 두 가지가 존재한다. 첫 번째는 내가 가진 데이터를 더 좋은 특징값으로 만들 수 있는 더 좋은 필터를 활용하는 것, 두 번째는 뽑힌 특징값을 더 잘 분석할 수 있는 분류기를 만드는 것이다.

먼저 더 좋은 필터를 만들기 위한 방법으로 딥러닝을 통해 학습되는 필터를 이용하는 방법을 사용할 수 있다. 기존의 이미지 프로세싱을 기반한 필터들은 특정 특징값을 뽑기 위한 목적을 가지고 있다. 또한, 사용되는 필터의 파라미터(Parameter)를 정해두고 사용하기 때문에, 어떤 이미지가 나타나더라도 일관된 이미지 특징값을 뽑을 수 있도록 한다. 필터를 통해 원본 이미지로부터 특징값을 계산하는 방식은 그림 3.7과 같다. 이 때, 필터의 파라미터들을 딥러닝 모델로써 구축한다면, 딥러닝 모델의 학습에 따라 필터의 파라미터가 데이터에 알맞도록 변화되도록 학습되게 된다. 최종적으로 학습된 딥러닝 모델을 필터로 사용할 경우, 분석하고자 하는 데이터에 더욱 알맞은 필터로 활용할 수 있다. 이 때, 양과 질이 확보된 가능한 많은 데이터를 활용하여 필터를 학습하게 된다면, 데이터가 출현할 수 있는 대부분의 공간을 학습할 수 있는 가능성이 존재한다. 즉, 이를 통해 우리가 해결하고자 하는 문제에 대해서 더 좋은 특징값을 추출할 수 있는 가능성이 존재하게 된다. 이렇게 많은 데이터를 활용해 모델을 정의하고, 이를 활용하는 방법론을 데이터 기반 접근법(Data-driven Approach)이라고 부른다.

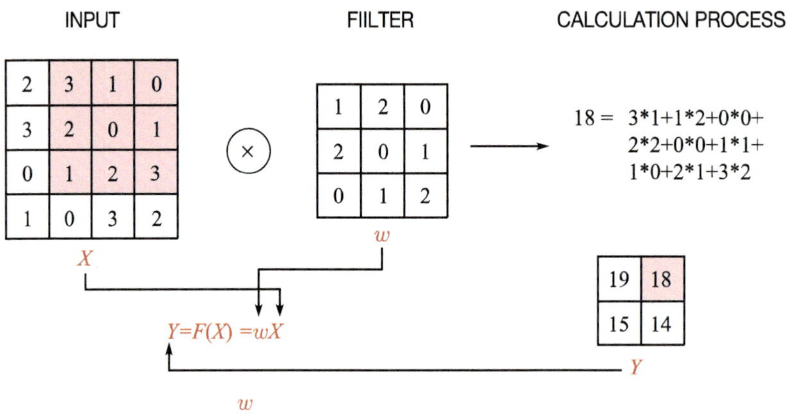

그림 3.7 필터(Filter)를 활용한 특징(Feature) 계산

데이터 기반 접근법을 기반하고 있는 딥러닝 모델은 다음과 같은 네 가지 순서에 따라 개발되고 테스트된다.

1. 이미지와 라벨(Class)로 이루어진 양질의 데이터를 수집한다.
2. 수집된 데이터를 학습 데이터 셋과 검증 데이터 셋으로 분류한다.
3. 학습 데이터를 활용하여 딥러닝 모델을 학습한다.
4. 학습에 이용되지 않았던 검증 데이터 셋으로 모델의 성능을 검증한다.

본 챕터에서는 이미지 분류기를 위한 간단한 딥러닝 모델을 통해 데이터 기반 접근법의 개발 순서에 대해서 학습하고자 한다.

3.4 딥러닝 모델 개발 실습

본 챕터에서는 다뤄볼 실습은 본 책의 최종 목표인 이미지 분류기를 먼저 개발해 보는 것이다. 분류하고자 하는 이미지 분류기의 목적은 0-9의 숫자를 손으로 쓴 손글씨 이미지 데이터인 MNIST(Modified National Institute of Standards and Technology) 데이터[8]를 10개의 클래스로 구분하는 것이다. MNIST 데이터의 해상도(Resolution)는 가로와 세로 모두 동일하게 28픽셀로 이루어지며, 회색조(Gray Scale)로 구성된 흑백 사진이다. MNIST 데이터를 위한 이미지 분류기는 그림 3.8과 같이 작동되게 된다.

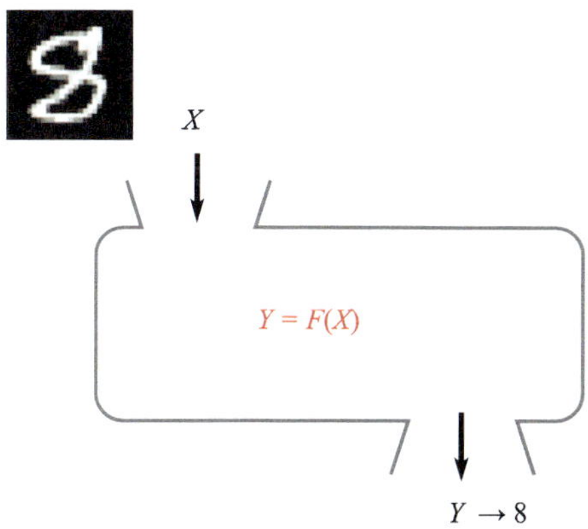

그림 3.8 MNIST 분석을 위한 이미지 분류기 작동 개념

1. 먼저 딥러닝 모델을 개발하기 위한 딥러닝 프레임워크 및 파이썬 라이브러리를 불러온다. GPU가 활용 가능한 개발 조건에서, 딥러닝 모델을 개발할 때에는 항상 런타임을 GPU로 설정하여야 조금 더 빠른 속도로 딥러닝 모델 학습을 수행할 수 있다.

   라이브러리를 로드 한 후, MNIST 데이터를 확보한다. MNIST 데이터는 딥러닝을 공부할 때 자주 사용되는 데이터로, 텐서플로우(Tensorflow) 및 케라스(Keras)등의 딥러닝 프레임워크에서 자유롭게 활용할 수 있도록 함수화하여 기능을 제공하고 있다.

```
## 라이브러리 로드
from tensorflow import keras
import numpy as np
```

2 'keras.datasets.mnist.load_data()' 명령어를 통해 얻은 데이터는 기본적으로 학습 데이터 및 검증 데이터로 나뉘어 있으며, 데이터의 개수는 각각 60,000개, 10,000개의 숫자로 나뉘어 있다. 라벨 데이터는 각 이미지의 정답값으로 구성되어 있으며, 0-9의 숫자 중 하나의 값으로 정의되어 있다.

```
## 1, 2. 이미지 및 라벨 데이터 수집 및 학습/검증 데이터 셋 분류
(train_X, train_Y), (test_X, test_Y) = keras.datasets.mnist.load_data()
```

3 일반적으로 딥러닝 모델을 통해 데이터를 분석하기 전, 입력값으로 활용되는 데이터를 전처리하여 이용하게 되는데, 전처리하기 위한 다양한 방법들이 존재한다. 본 실습에서는 0-255의 픽셀값으로 정의된 이미지 데이터를 0-1 픽셀값으로 변화시키기 위해 데이터의 픽셀값을 255로 나누는 전처리 방법을 이용하고 있다. 이에 대한 내용은 추후 자세히 설명할 예정이다. 이러한 전처리는 학습 및 검증 데이터 셋에 공통적인 방법으로 적용되고 이용되어야 한다.

```
# 데이터 전처리
train_X, test_X = train_X/255, test_X/255
```

4 전처리까지 완료된 데이터를 활용한 학습을 수행하기 위해, 딥러닝 모델의 아키텍쳐와 학습 방법을 정의해야 한다. 본 실습에서는 그림 3.9와 같은 모델을 개발하고자 하였다.

그림 3.9와 같은 모델을 학습하기 위해서는 최적화 기법(Optimizer)을 활용하는 기준인 손실함수(Loss Function)를 정의해야 한다. 본 실습 코드에서는 최적화 알고리즘으로 Adam 기법을 활용하였고, 손실함수로는 희소 범주형 교차 엔트로피(Sparse Categorical Crossentropy) 함수를 활용하고 있다. 학습을 통해 목표 달성 정도를 나타내는 척도(Metrics)는 모델의 결과를 보여주는 변수를 정의하는 부분이며, 분류의 정확도를 보여줄 수 있는 정확도(Accuracy) 변수를 제공할 수 있도록 정의하였다. 이렇게 정의된 아키텍쳐와 학습 방법을 기반, 'fit()' 함수를 이용해 학습 데이터를 학습하게 된다. 앞선 전처리와 마찬가지로 이에 대한 상세한 내용은 차차 모델에 대해 학습하며 알아가도록 한다. 본 실습에서는 데이터 기반 접근법의 개발 순서에 초점을 두어 이를 학습하는데 중점을 둔다.

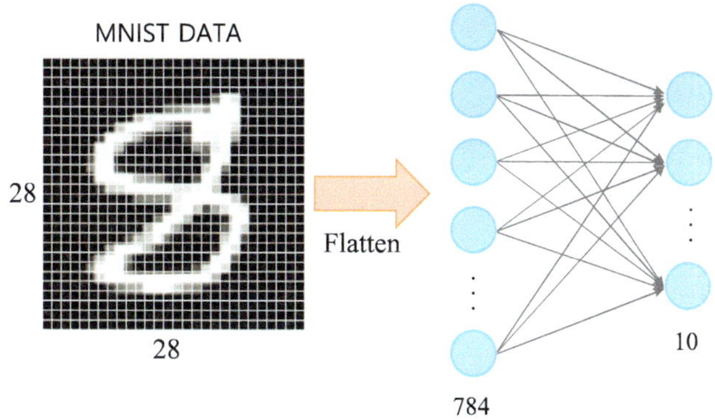

그림 3.9 실습에서 개발할 인공신경망 아키텍쳐

학습된 결과를 확인하게 되면, 60,000개 데이터 1회 학습에 약 6초의 시간이 걸린 것을 확인할 수 있다. 손실은 0.4687, 정확도는 0.8765로 나타남을 확인할 수 있으며, 손실은 0에 가까울수록, 정확도는 1에 가까울수록 좋은 모델이다. 결과적으로 학습 데이터를 활용할 때 학습된 모델의 정확도는 87.65%로 나타났다.

```
## 3. 학습 데이터 셋을 활용한 모델 학습
# 딥러닝 모델 아키텍쳐 정의
model = keras.Sequential()
model.add(keras.layers.Flatten(input_shape=(28,28)))
model.add(keras.layers.Dense(10, activation='softmax'))

# 모델 컴파일
model.compile(optimizer='adam', loss='sparse_categorical_crossentropy',
metrics=['accuracy'])

# 모델 요약 확인
model.summary()
# 모델 학습 수행
model.fit(train_X, train_Y)
```

```
Console Output:
1875/1875 [==============================] - 6s 3ms/step - loss: 0.4687
- accuracy: 0.8765
```

5 학습이 완료된 모델은 마지막으로 검증 데이터 셋을 활용해 검증되어야 한다. Keras 프레임워크에서는 학습된 모델이 'evaluate()' 모듈을 활용해 검증할 수 있다. 본 실습에서 개발된 모델의 검증 결과 91.49%의 테스트 정확도를 나타냄을 확인할 수 있다. 6초간 학습된 모델이라고 생각했을 때, 상당히 높은 정확도를 보여주고 있음을 확인할 수 있다.

```
## 4. 검증 데이터 셋을 활용한 모델 검증
_, test_accuracy = model.evaluate(test_X, test_Y)
print(test_accuracy)
```

```
Console Output:
313/313 [==============================] - 1s 3ms/step - loss: 0.3096 -
accuracy: 0.9149
0.914900004863739
```

아래의 코드는 본 분석을 수행하기 위한 전 과정의 코드를 보여준다.

Chapter3_classification_MNIST_basic.ipynb

```
## 라이브러리 로드
from tensorflow import keras
import numpy as np

## 1, 2. 이미지 및 라벨 데이터 수집 및 학습/검증 데이터 셋 분류
(train_X, train_Y), (test_X, test_Y) = keras.datasets.mnist.load_data()

# 데이터 전처리
train_X, test_X = train_X/255, test_X/255

## 3. 학습 데이터 셋을 활용한 모델 학습
# 딥러닝 모델 아키텍쳐 정의
model = keras.Sequential()
model.add(keras.layers.Flatten(input_shape=(28,28)))
model.add(keras.layers.Dense(10, activation='softmax'))
```

```
# 모델 컴파일
model.compile(optimizer='adam', loss='sparse_categorical_crossentropy',
metrics=['accuracy'])

# 모델 요약 확인
model.summary()

# 모델 학습 수행
model.fit(train_X, train_Y)

## 4. 검증 데이터 셋을 활용한 모델 검증
_, test_accuracy = model.evaluate(test_X, test_Y)
print(test_accuracy)
```

CHAPTER 04

분류 모델 기초

4.1 분류기

앞 선 챕터 2에서 이미지 분류기의 성능을 높이기 위한 첫 번째 방법인 "더 좋은 특징(Feature)을 추출하여 이용하는 방안"을 이야기하였다. 이에 이어서, 본 챕터에서는 이미지 분류기의 성능을 높이기 위한 두 번째 방법인 "도출된 특징을 더 잘 분석하기"에 대해서 서술해 보고자 한다.

일반적으로 다양한 독립변수들을 통해 범주형 종속변수를 예측하기 위한 모델을 분류기(Classifier)라고 정의한다. 이를 쉽게 표현하자면 도출된 특징 혹은 입력 데이터 자체를 통해 직접적으로 클래스(Class)를 구분할 수 있는 정보를 제공하는 기술이다. 분류(Classification) 문제에서 특징를 더 잘 분석하기 위한 가장 간단한 방법은 분석하고자 하는 데이터에 맞는 가장 좋은 분류기를 사용하는 것이며, 본 챕터에서는 머신러닝 및 딥러닝에서 자주 사용되는 유명한 분류기에 대해서 학습하며 분류기를 이해하고자 한다.

4.2 최근접 이웃 분류기

가장 먼저 이야기하고자 하는 분류기 모델은 최근접 이웃 분류기(k-Nearest Neighbor Classifier, k-NN Classifier)이다. 최근접 이웃 분류기는 상당히 직관적인 분류기이며, 머신러닝 기술로 자주 사용되는 유명한 알고리즘이다(그림 4.1 참고).

최근접 이웃 분류기의 작동원리는 간단하다. 알고자 하는 데이터와 알고 있는 데이터들의 거리(Distance)를 계산하여, 가장 가까운 순으로 정렬하고, 그 중 상위 k개의 클래스를 분석하여 가장 다수의 클래스를 알고자 하는 데이터 클래스로 분류하는 방법을 말한다.

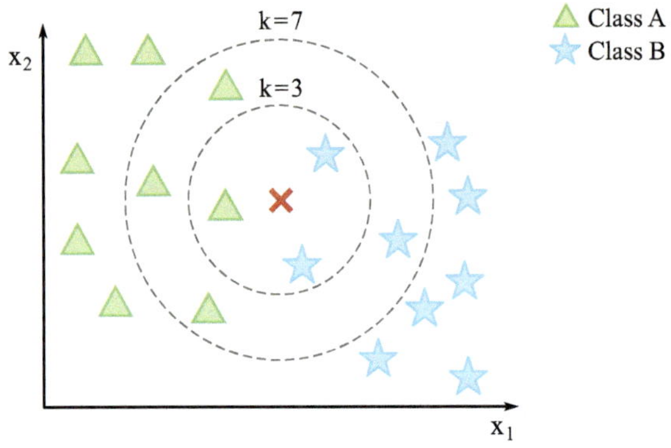

그림 4.1 최근접 이웃 분류기 작동 예

그림 4.1을 통해 이를 설명하자면, 알고자 하는 데이터는 붉은색 X가 되며, 초록색 세모와 파란색 별은 알고 있는 데이터라고 가정한다. 여기서 초록색 세모는 Class A, 파란색 별은 Class B라고 가정한다. k-NN 분류기를 통해 붉은색 X의 클래스를 예측하기 위해서, 우선적으로 붉은색 X를 기준으로 모든 파란색 별 및 초록색 세모간의 거리를 계산한다.

두 번째로 계산된 붉은색 X와 각 모든 데이터 간의 여기서 가장 가까운 거리를 가진 데이터를 몇 개를 클래스 후보군으로 두느냐에 따라 분류기의 성능이 달라질 수 있다. 여기서 클래스 후보군의 개수는 k라는 변수로 나타내며, 분석자의 마음에 따라 달라지도록 설정할 수 있다.

그림 4.1의 예로 돌아와서, 붉은색 X와의 거리가 가장 가까운 3개의 데이터를 클래스의 후보군으로 확인한다면("k=3"의 경우), 하나의 초록색 세모, 두 개의 파란색 별이 붉은색 X의 클래스 후보군으로 확보됨을 알 수 있다. 이 중 가장 다수의 클래스는 파란색 별, Class B가 되므로 붉은색 X는 Class B로 예측된다. 만약, 가장 가까운 거리를 가진 7개의 데이터를 확인해보면("k=7"의 경우), 초록색 세모가 네 개, 파란색 별이 세 개가 클래스 후보군으로 각각 확보됨을 알 수 있다. 즉, "k=7"의 경우에서는 붉은색 X는 Class A로 예측되게 된다.

만약 실제로 붉은색 X가 Class A 였다면, k 값을 3으로 사용하는 경우에서는 1개 중 0개가 정답이므로 분류기의 정확도는 0%가 된다. 반면에 k값을 7로 사용하는 경우에서는 1개 중 1개가 정답이므로, 분류기의 정확도는 100%가 된다. 즉, k-NN 분류기는 k값에 따라 성능이 변화하게 됨을 확인할 수 있으므로, k-NN 분류기를 활용할 때는 k의 값을 잘 정의해야만 한다. k-NN 분류기의 k와 같이, 분석자의 마음에 따라 자유롭게 결정할 수 있지만 분류기의 성능을 변화시킬 수 있는 인자를 하이퍼파라미터(Hyperparameter)로 부른다. 다음 챕터부터 보다 상세하게 서술하겠지만, 딥러닝 모델의 개발에 있어 상당 수의 하이퍼파라미터들이 결정되어야 하며, 이는 딥러닝 모델 성능 향상을 위해 가장 중요한 요소 중 하나이다.

이러한 k-NN 분류기는 이미지 분류에도 사용될 수 있다. 이미지 분류에서도 앞서 서술한 그림 4.1의 경우와 마찬가지로 알고자 하는 그림과 알고 있는 그림들 사이의 거리 값을 먼저 계산해야 한다. 거리 값을 계산은 그림 4.2와 같이 수행될 수 있다. 이미지 간의 거리를 계산하는 방법은 식 4.1과 4.2을 포함, 다양하게 존재한다. 그림 4.2는 L1 거리를 사용할 때의 예를 보여주고 있는데 알고자 하는 이미지(검증 이미지)와 알고 있는 이미지(학습 이미지)와의 차이는 픽셀값의 차이의 절대값으로 구하게 된다. 이 때, 픽셀값의 차이는 동일 u, v 값을 갖는 픽셀 위치의 색상 정보값에 대한 차이를 의미한다. 여기서 확인할 수 있듯이, k-NN 분류기를 사용하기 위해선 알고자 하는 학습 이미지(Training Image)와 검증 이미지(Test Image)는 같은 해상도를 갖도록 미리 세팅하여야 한다.

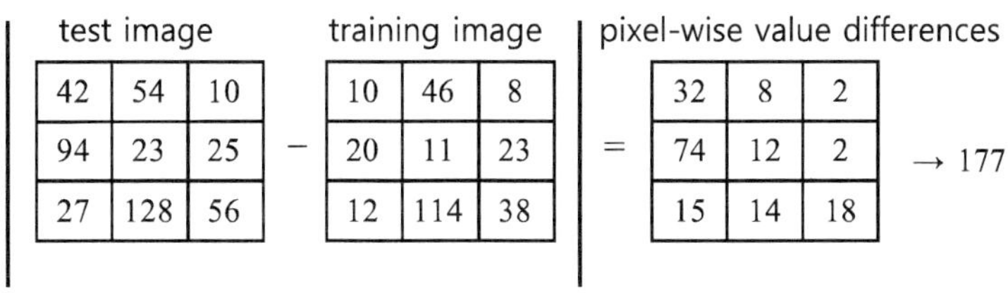

그림 4.2 이미지에서의 최근접 이웃 분류기 동작 원리

여기서, 'k'의 경우처럼, 데이터간의 차이를 일종의 거리(Distance)로 인식하고, 이 거리를 앞선 챕터에서 이야기한 손실(Loss)로 생각한다면, 어떤 방식(맨하탄 거리; L1 거리 (식 4.1), 유클리드 거리; L2 거리 (식 4.2))으로 계산하느냐에 따라 손실(Loss)이 변화될 여지가 존재 한다. 즉, k-NN 분류기의 최종 결과로 얻게 되는 k 개의 클래스 정답 후보군의 분포는 거리 계산 방식의 변화에 따라 달라질 가능성을 내포한다. 즉, 데이터간 어떤 거리 측정 방식(Distance Metric)을 쓰느냐는 결국 k-NN 분류기의 성능을 변동시킬 수 있는 정보이며, 해당 데이터간 거리 측정 방식은 'k'의 경우와 같이 분석자의 임의대로 설정하는 값이다. 다시 말해, 'k'와 '데이터간 거리 측정 방식'은 k-NN 분류기의 성능을 변화시킬 수 있는 하이퍼파라미터들이다.

$$d_{L1}(I_1, I_2) = \sum_k \left| I_1^k - I_2^k \right| \qquad \text{(식 4.1)}$$

$$d_{L2}(I_1, I_2) = \sqrt{\sum_k \left(I_1^k - I_2^k \right)^2} \qquad \text{(식 4.2)}$$

따라서, k-NN 분류기의 성능을 높이기 위해선 적절한 인접한 이웃의 수 k값과 거리 측정 방식을 선택하는 것이 중요한데, 이를 위해서는 다양한 k값과 거리 측정 방식을 변화시켜 가며 분류기의 성능을 판단하여야 한다. 이렇게 하이퍼파라미터들을 변화시켜 가며, 분류기의 최대 성능을 낼 수 있도록 결정하는 과정을 하이퍼파라미터 조정(Hyperparameter-Tuning) 혹은 미세 조정(Fine-Tuning) 과정이라고 이야기한다.

일반적으로 k를 선정할 때에는 홀수 값을 쓰는 경향이 있는데, 그 이유는 다음 예를 통해 생각해 볼 수 있다. 예를 들어, 4-NN 분류기를 활용하여 임의의 검증 데이터를 분류 한다고 가정했을 때, 가장 가까운 학습 데이터들의 클래스가 Class A: 2개, Class B: 2개라면 해당 검증 데이터는 어떻게 결정해야 하는가? 제대로 개발된 분류기라면, 정답이 아니더라도 조건내에서 반드시 결과물(Output)을 도출 한다. 이에 대한 가장 최적의 방법은 여러분이 각자 생각해 볼 수 있는 시간을 갖길 바란다.

4.3 k-NN 분류기 개발 실습

앞서 설명한 이미지 분류에서의 k-NN 분류기 사용을 파이썬의 머신러닝 라이브러리 중 하나인 scikit-learn 라이브러리를 활용하여 실습해보고자 한다. 본 실습에서는 세 번째 챕터에서 사용하였던 MNIST 이미지를 활용해보려고 한다.

1 데이터 셋의 로드를 위해서 Tensorflow 라이브러리 내 Keras 모듈을 우선적으로 로드하고, MNIST 데이터를 가지고 온다. 본 순서까지는 챕터 2의 실습에서와 동일하다.

```
# 라이브러리 로드
from tensorflow import keras
from sklearn.neighbors import KNeighborsClassifier

# 데이터 로드
dataset = keras.datasets.mnist
(train_X, train_Y), (test_X, test_Y) = dataset.load_data()
```

2 데이터가 로드되었다면 scikit-learn 라이브러리에서 정의된 k-NN 분류기 모델이 활용할 수 있는 데이터의 형식으로 로드된 MNIST 데이터를 전처리 해주어야 한다. 현재 학습을 위한 MNIST 데이터 셋에는 28×28 크기의 행렬이 60,000개 저장되어 있다. scikit-learn에서 k-NN 분류기를 이용하기 위해선 28×28 크기의 행렬을 784개의 벡터로 변환시켜주어야 한다. 이를 위해 매트릭스의 형태를 다양하게 변화시킬 수 있는 'reshape' 함수를 활용한다. 'reshape' 함수의 인수들 중 첫 번째 인수에서 '-1'을 사용할 경우, 해당 데이터의 매트릭스의 첫 번째 축(Axis)은 유지하라는 뜻이다. 또한, 두 번째 인수인 '784'는 28×28을 계산한 숫자이며, 28×28 크기의 매트릭스 형태를 분해시켜 784개의 요소를 가진 벡터로 변환하라는 뜻이다. 즉, 본 코드를 해석하면, MNIST 데이터의 60,000개 데이터의 개수는 그대로 유지하되 각 데이터별 매트릭스 형태만 벡터로 바꿔주라는 이야기이다.

```
#전처리 전 매트릭스 형태
print("전처리 전",train_X.shape)

# 데이터 전처리
train_X = train_X.reshape(-1, 784)
test_X = test_X.reshape(-1, 784)

#전처리 후 매트릭스 형태
print("전처리 후",train_X.shape)
```

```
Console Output:
전처리 전 (60000, 28, 28)
전처리 후 (60000, 784)
```

3 전처리가 끝났다면, 데이터를 분석하기 위한 모델을 개발할 차례이다. 우선 모델을 정의하기 위한 라이브러리를 로드하고, k-NN 분류기 모델을 정의한다. scikit-learn의 k-NN 분류기 모델 정의 시, 하나의 인자로 들어가는 'n_neighbors' 의 숫자가 하이퍼파라미터 k값을 의미한다. 본 실습에서는 k를 5로 설정하였다. 또한, 평가 인자(Metric)는 사용하고자 하는 거리 측정 방식을 의미한다. 본 연구에서는 'L2 거리'로 불리는 '유클리트 거리'를 사용하여 손실을 도출하였다.

```
# Scikit-learn 라이브러리 로드
from sklearn.neighbors import KNeighborsClassifier

# 모델 정의(n_neighbors 의 숫자가 hyperparameter k값)
knn = KNeighborsClassifier(n_neighbors=5, metric='euclidean')
```

4 정의된 모델을 학습하기 위해 'fit()' 함수를 실행한다. 딥러닝 모델과는 달리 이 과정에서 별다른 중간 출력값 없이 'KNeighborsClassifier()'라는 결과만 출력된다. 그 이유는 앞서 설명한 바와 같이 k-NN 알고리즘은 게으른 알고리즘(Lazy Algorithm)이기 때문에 학습과정에서는 그저 데이터의 위치만 기억할 뿐이다.

```
# 학습 수행
knn.fit(train_X, train_Y)
```

```
Console Output:
KNeighborsClassifier()
```

5 이후 score() 함수를 활용하여 검증 및 정확도 산출을 수행한다. 이를 통해 약 97%의 정확도로 분류가 가능함을 확인할 수 있다.

```
#정확도 산출
knn.score(test_X, test_Y)
```

```
Console Output:
0.9688
```

아래의 코드는 본 분석을 수행하기 위한 전 과정의 코드를 보여준다.

Chapter4_kNN.ipynb

```
# 라이브러리 로드
from tensorflow import keras
from sklearn.neighbors import KNeighborsClassifier

# 데이터 로드
dataset = keras.datasets.mnist
(train_X, train_Y), (test_X, test_Y) = dataset.load_data()

#전처리 전 매트릭스 형태
print("전처리 전",train_X.shape)

# 데이터 전처리
train_X = train_X.reshape(-1, 784)
test_X = test_X.reshape(-1, 784)

#전처리 후 매트릭스 형태
print("전처리 후",train_X.shape)
```

```
# 모델 정의(n_neighbors 의 숫자가 hyperparameter k값)
knn = KNeighborsClassifier(n_neighbors=5, metric='euclidean')

# 학습 수행
knn.fit(train_X, train_Y)

#정확도 산출
knn.score(test_X, test_Y)
```

CHAPTER 05

선형 분류기

5.1 선형 분류기 개념

선형 분류기(Linear Classifier)란 임의의 직선을 통해 분류기를 구현하는 기술을 말한다. 예를 들어 MNIST 데이터를 선형 분류기로 분류한다는 목적을 가질 때, 그림 5.1에서 보는 것과 같이 이미지 데이터가 2차원 상에 놓여있다고 가정해보자. MNIST 이미지 데이터들은 각 숫자 별 특징을 내포하게 되므로 비슷한 이미지 끼리 그룹을 형성하는 형태로 존재하게 될 것이다. 이 때, 클래스 별로 그룹을 형성하는 데이터를 적절히 분류하기 위한 직선을 사용할 수 있다면, 그림 5.2와 같이 나타내 활용할 수 있을 것이다. 이러한 역할이 바로 선형 분류기가 수행하는 역할을 도식화하여 보여주고 있다.

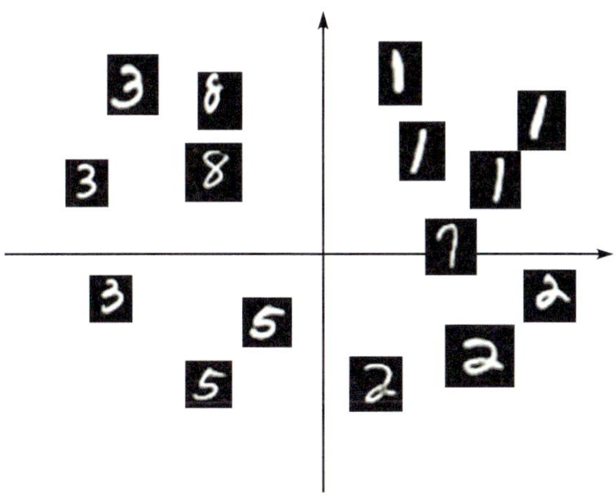

그림 5.1 데이터 스페이스 예

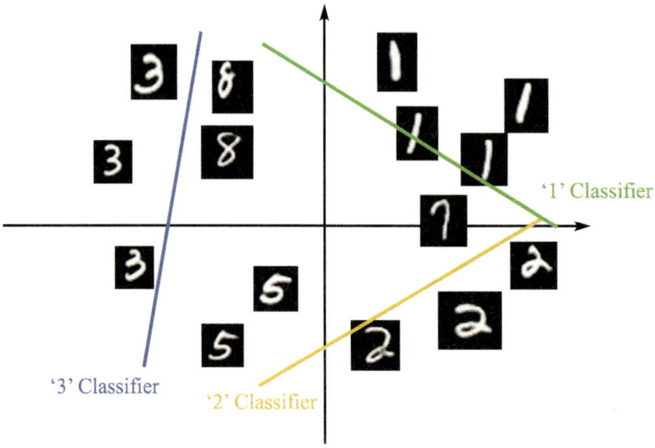

그림 5.2 데이터 스페이스에서의 Linear Classifier 역할 예

여기서 가장 중요한 포인트는 "그림 5.2에서 볼 수 있는 직선들을 어떻게 정의하는지 그리고 얼마나 정확하게 정의할 수 있을지" 이다. 먼저 어떻게 정의해야 하는가를 생각해 본다면, 선형 분류기 이름에서 힌트를 얻을 수 있다. 선형적 특성(Linearity)을 따르기 때문에, 분류를 나타내는 직선은 식 5.1의 형태로 간단하게 정의할 수 있다. 고등학교 수학에서 배운 직선의 방정식(식 5.1)을 생각해 보면, α는 x와 y의 관계를 설명할 수 있는 직선의 기울기를 의미한다. 추후 더 상세히 설명하겠지만, 딥러닝 모델은 수많은 직선식의 집합 개념으로 볼 수 있는데, 딥러닝 모델에서는 기울기 α라는 지표를 주로 가중치(Weight)의 첫 자를 따 식 5.2에서처럼 주로 W 로 표현한다. 또한, β는 이러한 x와 y의 관계를 설명할 수 있는 직선이 y 축으로 얼마나 평행이동 되어있는가를 나타내는 절편(Intercept)을 이야기한다. 여기서 평행이동 되었다는 것은 다시 생각해보면 한 쪽으로 쏠렸다. 즉, 편향(Bias)이 존재한다는 의미로 해석할 수 있는데, 이러한 개념으로 딥러닝 모델의 표현에서는 절편 β 대신 편향(Bias)의 첫 자를 따 식 5.2에서처럼 b 로 표현하는 것이 일반적이다.

$$y = \alpha x + \beta \quad \text{(식 5.1)}$$

$$y = Wx + b \quad \text{(식 5.2)}$$

그렇다면, 이렇게 정의된 직선 식을 어떻게 정확하게 정의할 수 있을까? 다시 말해, W와 b를 어떻게 정의하면 데이터를 각 클래스에 맞게 가장 잘 분류할 수 있을까? 그 답은 데이터에 있다. 결론부터 말하자면, 데이터를 통해 가장 좋은 성능을 낼 수 있는 W 와 b 를 유추해낼 수 있다. 이러한 과정을 모델 학습의 과정이라고 이야기 한다. 즉, 모델 학습을 통해 W 와 b 가 변화되고, W 와 b 의 변화에 따라 y 의 값 역시 변화될 수밖에 없으므로 이로 인해 분류기의 성능이 달라진다. 이렇게 분석자의 인위대로 정의할 수는 없지만, 데이터를 통한 학습으로 변화하며 정의되고, 이를 통해 모델의 성능을 변화시킬 수 있는 W, b 와 같은 인자를 파라미터(Parameter)라고 부르며, 파라미터를 통해 모델을 개발할 수 있는 방법론은 파라미터적 접근(Parametric Approach)라고 부른다.

지금부터는 이미지 분류기를 목적으로 하는 선형 분류기가 식 5.3과 같이 정의되어 있다고 생각하고 내용을 서술하고자 한다. 물론 식 5.2와 같이 편향이 존재하면 더 좋은 성능을 낼 수 있는 분류기가 개발될 가능성이 높아지지만, 내용을 이해하는데 더 간단한 수식이 유용하기에 b가 없는 식 5.3을 이용해 서술한다.

$$y = f(x, W) = Wx \qquad \text{(식 5.3)}$$

먼저, 챕터 2, 3의 실습에서 사용했던 데이터 형식인 MNIST 데이터를 분류한다고 가정하자. 선형 분류기의 예에서는 '1', '2', '3'의 세 가지 숫자만 분류하는 것으로 가정하였다.

먼저, 식 5.3을 이에 맞게 해석해보면 그림 5.3과 나타낼 수 있다. y는 MNIST 분류의 종속변수인 클래스로 나타날 수 있는 정보이고, 그 값은 1, 2, 3의 숫자 중 하나인 범주형 변수로 정의될 것이다. 여기서 y는 3개 요소를 가진 벡터 형식(3×1)으로 정의해 이용한다. 또한 x는 독립변수인 이미지 데이터가 될 것이고, MNIST 이미지는 28×28의 해상도를 가진 행렬 형태의 데이터이며, 회색조(Gray Scale)의 1채널을 가진 이미지이다. 여기서는 그림 5.3에서 보는 바와 같이 28×28 해상도의 행렬을 784개의 요소를 가진 벡터 형식(784×1)으로 정의해 이용한다. 마지막으로 W 는 x와 y의 관계에 따라 그 행렬의 크기가 결정되어진다. 본 목적에서는 784×1 크기의 x를 3×1 크기로 변화시켜야 하므로, 자동적으로 784×1의 크기를 가진 행렬로 정의된다.

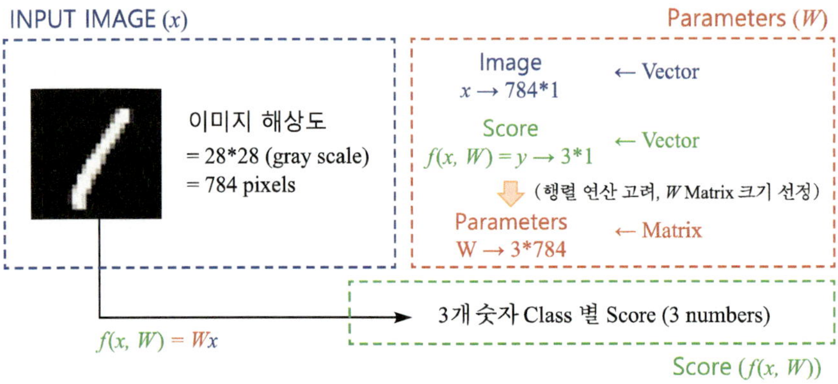

그림 5.3 Linear Classifier 동작의 데이터 흐름

식 5.3을 통해 계산되는 과정은 그림 5.4에서 보는 바와 같다. 식 5.3에서 나타나는 y 벡터의 각 요소 위치의 값들은 분류기가 분류한 결과 이미지가 '1', '2', '3'이라고 결론 낼 수 있는 평가 점수(Score)를 이야기 한다. 그림 5.4의 분류기가 도출한 y를 고려할 때, 두 번째 요소가 55.6으로 가장 큰 값을 나타내고 있으므로, 이를 해석하자면, 분류기는 입력된 x 이미지를 클래스 '2'로 정의하였다는 말이다.

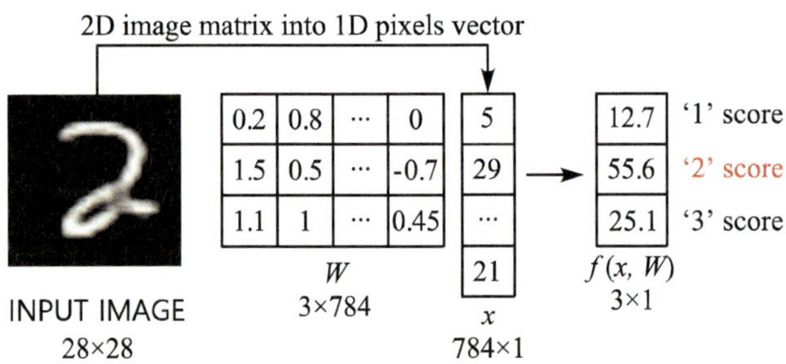

그림 5.4 Linear Classifier 연산

5.2 평가 점수 계산 과정 실습

이러한 계산 과정을 실습을 통해 확인해보자.

1 본 실습을 위해 사용하는 데이터는 1, 2, 3의 숫자로만 이루어진 MNIST 데이터이며, 'modified_MNIST.npy' 데이터를 다운받아 활용한다. 학습 데이터 셋은 15,000개 데이터, 검증 데이터 셋은 3,000개 데이터로 이루어져 있다.

```
## 라이브러리 로드
import numpy as np

## 데이터 로드
(train_X,train_Y), (_,_) = np.load('modified_MNIST.npy',
allow_pickle=True)
```

2 행렬 곱연산을 수행하기 전, 먼저 데이터 전처리를 수행한다. 이미지 데이터 x의 경우 'reshape()' 기능을 통해 28×28 매트릭스를 784개의 요소를 가진 벡터로 변경한다. 가중치 W 의 경우 'np.random.rand()' 함수를 통해, 3×784 크기의 매트릭스로 생성하며 가중치의 각 요소값은 0~1 사이의 랜덤한 값으로 설정되게 된다.

```
## 데이터 전처리 수행
# 28x28 매트릭스 -> 784 벡터로 변경
x = train_X.reshape(-1,784)

# 0-1 사이의 랜덤 넘버를 갖는 3x784 매트릭스 생성
W = np.random.rand(3,784)

# 데이터 shape 확인
print('x Shape : ', x.shape)
print('W Shape : ', W.shape)
```

```
Console Output:
x Shape : (15000, 784)
W Shape : (3, 784)
```

3 행렬 곱연산을 통해 score (y) 값의 계산을 수행한다. 행렬 곱연산은 NumPy 라이브러리의 dot 모듈을 이용한다. 행렬 곱연산시에는 15,000개의 데이터를 한번에 계산한다. 이에 따라, 전처리의 결과값에서 볼 수 있듯이, x는 [15,000×784] 크기를 가지며, W는 [3×784]크기를 갖게 된다. 따라서 행렬 곱연산시에는 x를 전치(Transpose)하여 활용해 계산한다. 계산된 평가 점수 또한, [3×15,000]의 크기를 가지고 있게 되기 때문에, 이를 전치하여 [15,000×3]의 크기를 갖도록 처리해준다.

```
## 행렬 계산 수행
# W와 x의 행렬곱 수행
score = np.dot(W,x.T).T

# 데이터 shape 확인
print('score (y) Shape : ', score.shape)
```

```
Console Output:
score (y) Shape : (15000, 3)
```

4 행렬 곱연산을 통해 얻은 결과는 numpy array의 'argmax()' 기능을 활용한다. 이는 array 요소 중 가장 큰 값의 인덱스를 출력하는 값이다. 여기서 인자로 들어간 'axis=1'은 array 요소의 범위 기준을 설정하는 명령어로, 15,000개 행의 각 세 개 요소들 중 가장 큰값의 인자를 함수의 결과로 돌려준다. 만약 이를 설정하지 않는다면 45,000개 요소 중 가장 큰 값의 인덱스를 도출해 제공하며, 'axis=0'이라면 3개 열의 각 15,000개 요소들 중 가장 큰 값을 도출해 제공한다. 여기서 제공되는 인덱스의 시작 값은 0이므로, 인위적으로 1을 더해 클래스 표현과 동일하게 만들어 주었다.

```
## 예측 결과 도출
predict = score.argmax(axis=1)+1
```

5 예측 결과와 실제 클래스 값과의 비교를 통해 정확도를 산출해낸다. 'predict==train_Y' 명령어를 실행하게 되면, 15,000개의 예측 결과와 실제 클래스 값을 인덱스별로 비교하여 같다면 True, 다르다면 False를 채워 넣은 15,000개 요소를 갖는 벡터를 생성하게 되는데, 컴퓨터가 인식하기에는 True는 1, False는 0을 의미한다. 따라서 mean() 함수를 사용하면 요소값의 평균값을 계산하고, 이는 모든 True 개수를 더한 뒤 총 요소의 개수로 나눈 정확도와 동일한 값을 도출한다. 이를 통해 얻은 정확도는 약 29%였다. 아직 학습되지 않은 가중치 W를 이용했다는 것을 감안할 때, '1', '2', '3' 중 한가지로 찍을 때의 정확도 약 33%와 비슷한 수준으로 나타나 평가 점수의 계산이 양호하게 수행된 것으로 판단할 수 있다.

```
## 결과를 통한 정확도 도출
print('정확도 : ', (predict == train_Y).mean())
```

```
Console Output:
정확도 : 0.2855333333333333
```

아래의 코드는 본 분석을 수행하기 위한 전 과정의 코드를 보여준다.

Chapter5_linear_classifier_score.ipynb

```
## 라이브러리 로드
import numpy as np

## 데이터 로드
(train_X,train_Y), (_,_) = np.load('modified_MNIST.npy',
allow_pickle=True)

## 데이터 전처리 수행
# 28x28 매트릭스 -> 784 벡터로 변경
x = train_X.reshape(-1,784)

# 0-1 사이의 랜덤 넘버를 갖는 3x784 매트릭스 생성
W = np.random.rand(3,784)

# 데이터 shape 확인
```

```
print('x Shape : ', x.shape)
print('W Shape : ', W.shape)

## 행렬 계산 수행
# W와 x의 행렬곱 수행
score = np.dot(W,x.T).T

# 데이터 shape 확인
print('score (y) Shape : ', score.shape)

## 예측 결과 도출
predict = score.argmax(axis=1)+1

## 결과를 통한 정확도 도출
print('정확도 : ', (predict == train_Y).mean())
```

CHAPTER 06

서포트 벡터 머신 / 소프트맥스

6.1 서포트 벡터 머신 분류기

잠시 이전 챕터 5의 그림 5.4, 선형 분류기(Linear Classifier)에 대한 설명으로 돌아가보자. 선형 분류기의 출력값인 Score (y)의 값의 범위는 이론적으로 생각했을 때 $[-\infty \sim \infty]$를 취한다. 즉, 그림 5.4의 평가 점수값처럼 55.6라는 숫자가 나타났다면 다른 요소 값들보다는 해당 요소 값이 상대적으로 크지만, 절대적인 잣대로 볼 때 잘 구분한 값으로 판단할 수 없다. 이를 해결하기 위해선 선형 분류기를 통해 도출된 평가 점수가 절대적인 기준으로 비교될 수 있도록 설정하는 단계가 필요하다. 평가 점수를 절대적 지표로 만들기 위해 딥러닝 모델에서는 서포트 벡터 머신(Support Vector Machine, SVM)[1], 소프트맥스(Softmax)[2] 등 머신러닝 기술을 함께 활용한다.

먼저 SVM은 그림 6.1과 같이 서로 다른 클래스를 구분할 수 있는 분류기를 개발하는 기술로써, 각 클래스 데이터 간의 차이(Margin)를 극대화 할 수 있는 직선을 찾아내는 머신러닝 기술을 말한다. 특히, 그림 6.2에서 보는 것과 같이 SVM은 기존 데이터가 가진 차원을 변경하여 사용되므로 데이터가 가지고 있는 숨은 패턴을 찾아내는데 그 활용도가 높다.

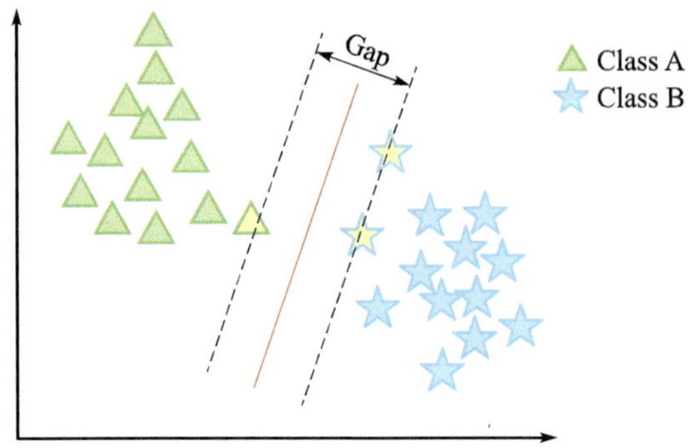

그림 6.1 SVM Classifier 동작 개념

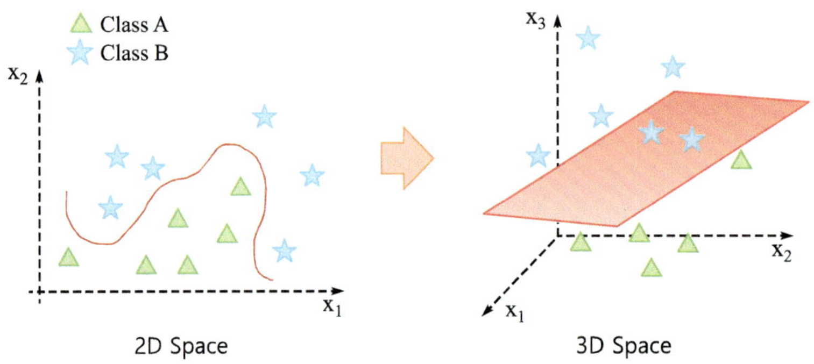

그림 6.2 SVM Classifier를 통한 차원 변경 도식화

이러한 SVM을 활용한 분류기를 이용하게 된다면 힌지 손실(Hinge Loss)로 불리는 SVM 손실을 활용할 수 있어, 기준이 있는 평가 점수값을 도출할 수 있게 될 수 있다. 식 6.1은 Score로부터 SVM 손실함수(Loss Function 혹은 Cost Function)를 보여준다. 여기서 L_i는 x 데이터 하나를 테스트하였을 때 계산할 수 있는 손실값을 말하며, s는 스코어 값을 의미한다. y_i는 검증 시, y 벡터의 인덱스 중, 실제 정답(Ground Truth, GT) 값이어야 하는 인덱스를 말한다. 또한 이렇게 구해진 L_i의 평균이 해당 모델의 최종 손실 값이 된다. 이러한 과정은 식 6.2와 같다.

$$L_i = \sum_{i \neq y_i} \max(0, s_j - s_{y_i} + 1) \quad \text{(식 6.1)}$$

$$L = \frac{1}{N} \sum_{i=1}^{N} L_i \quad \text{(식 6.2)}$$

이렇게 구해진 손실은 0에 가까울수록 분류기의 성능이 좋다는 것을 나타낼 수 있으며, 손실이 커질수록, 분류기의 성능이 좋지 못하다는 것을 나타내도록 설계되었다. 표 6.1은 식 6.1, 6.2를 통해 계산되는 SVM 손실을 보여준다. 표 6.1의 첫 번째 행에 위치한 각 사진을 $f(W,x)= Wx$를 따르는 선형 분류기를 통해 얻었다고 가정한다면, 평가 함수 매트릭스는 표의 2-4 행과 같이 나타날 수 있다. 각 계산은 6행의 L_i의 계산과 같이 계산되며, 이를 통해 얻어진 결과의 평균값인 5가 3개 그림을 통해 평가한 분류기의 SVM 손실이 된다.

표 6.1 SVM Loss 계산 과정 예

구분	Test #1	Test #2	Test #3
x			
Class '1' Score	3	1	2
Class '2' Score	5	4	2
Class '3' Score	-1	2	-3
y_i	3 (Class '1' Score)	4 (Class '2' Score)	-3 (Class '3' Score)
L_i (식 6.1)	= max(0, 5-3+1) + max(0, -1-3+1) = max(0, 3) + max(0, -3) = 3 + 0 = 3	= max(0, 1-4+1) + max(0, 2-4+1) = max(0, -2) + max(0, -1) = 0 + 0 = 0	= max(0, 2-(-3)+1) + max(0, 2-(-3)+1) = max(0, 6) + max(0, 6) = 6 + 6 = 12
L (식 6.2)	= (1 / 3) x (3 + 0 + 12) = 15 / 3 = 5		

표 6.1을 통해 확인할 수 있듯이, 세 번째 검증(Test)의 결과로 얻어진 평가 점수값 L_3가 L_1과 L_2 보다 크게 나타남을 확인할 수 있었으며, 정답을 올바르게 예측한 평가 점수가 존재할 경우, L_i가 0으로 나타나게 됨을 두 번째 검증의 결과로 확인할 수 있다. 즉, SVM을 선형 분류기로 활용하게 된다면, 테스트결과, 손실이 0으로 나타나는 분류기를 구하는 것이 딥러닝 모델 학습의 목적이 된다.

이러한 SVM 분류기의 특징에서 한 가지 생각해보아야 할 점은 L_i가 0이었던 두 번째 검증 결과이다. 제시된 분류기는 두 번째 사진을 정확하게 고려할 수 있도록 평가 점수를 생성했고, 그 결과 L_2의 값이 0으로 도출되었다. 두 번째 검증의 결과만 가지고 성능을 말하자면 가장 완벽한 모델을 도출한 것이다. 만약 분류기의 가중치가 변동되어 표 6.2와 같이 두 번째 검증 결과가 변했다고 가정해 본다면, 표 6.1의 결과를 만든 분류기와 마찬가지로 표 6.2의 분류기는 L_2를 0으로 제시했으므로, L_2에 대해서는 완벽한 모델로 볼 수 있다.

하지만 평가 점수값을 살펴보게 된다면, 표 6.2의 분류기가 표 6.1의 분류기보다 더 좋은 모델이라고 평가할 수 있다. 즉, SVM 분류기를 이용하게 되면, 가중치 W가 더 좋은 평가 점수를 만들어 내도록 변화하는 과정을 위한 학습은 잘 수행될 수 없다. 따라서, SVM 분류기를 이용한 딥러닝 모델을 사용할 때에는 이러한 점을 유념해야 한다.

표 6.2 SVM Loss 계산 과정 예

구분	Test #1	Test #2	Test #3
x			
Class '1' Score	3	-3	2
Class '2' Score	5	4	2
Class '3' Score	-1	-2	-3
y_i	3 (Class '1' Score)	4 (Class '2' Score)	-3 (Class '3' Score)
L_i (식 6.1)	= max(0, 5-3+1) + max(0, -1-3+1) = max(0, 3) + max(0, -3) = 3 + 0 = 3	= max(0, -3-4+1) + max(0, -2-4+1) = max(0, -6) + max(0, -5) = 0 + 0 = 0	= max(0, 2-(-3)+1) + max(0, 2-(-3)+1) = max(0, 6) + max(0, 6) = 6 + 6 = 12
L (식 6.2)	= (1 / 3) × (3 + 0 + 12) = 15 / 3 = 5		

6.2 소프트맥스 분류기

두 번째로 학습해 볼 분류기는 소프트맥스 분류기(Softmax Classifier)이다. 소프트맥스 분류기는 통계학에서 말하는 다항 로지스틱 회귀(Multinomial Logistic Regression) 분석 방법으로, 여러 개의 클래스를 가진 데이터를 확률적 개념을 도입해 분류하도록 하는 방식을 말한다. 소프트맥스 분류기는 앞서 학습한 SVM 분류기가 가진 문제를 해결할 수 있는 방안으로써, 딥러닝 기반 분류(Classification) 문제 해결에 가장 널리 활용되고 있다. 소프트맥스 분류기를 통해 Score 값을 변환시키게 되면, 그림 6.4에서 보는 것과 같이, 각 클래스별 확률값이 나타나게 되며, 모든 클래스의 확률값을 다 더하게 되면 1이 되도록 만든다.

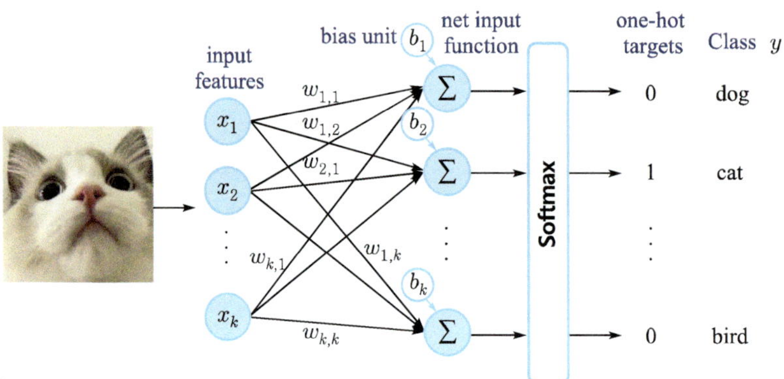

그림 6.3 Softmax Loss의 개념

평가 점수값을 소프트맥스 손실로 변환시키기 위해서 사용되는 소프트맥스 손실함수는 식 6.3과 같다. 식 6.3의 각 변수들은 식 6.1에서 정의한 바와 같다. 표 6.1에서 제시되었던 Score 매트릭스를 기반으로 할 때, 표 6.3에서는 식 6.3을 이용해 각 검증별로 L_i를 구한 뒤 전체 손실(Total Loss) 값을 계산하는 프로세스를 보여주고 있다.

$$L_i = -\log\left(\frac{e^{s_{y_i}}}{\sum_j e^{s_j}}\right) \quad \text{(식 6.3)}$$

소프트맥스의 가장 큰 특징은 평가 점수값을 확률값으로 변환하여 손실을 계산한다는 것이다. 확률값으로 변환한다는 측면에서 평가 점수값을 생각한다면, 이미 평가 점수에서 차이가 크게 나더라도 (각 평가 점수의 클래스별 요소 값이 0이 아니라는 전제

하에), 이론적으로 GT에 해당하는 인덱스의 변환된 확률값이 완벽하게 1이 되는 경우는 존재할 수 없다. 즉, 소프트맥스 분류기를 활용하게 되면, 이미 잘 학습되어 분류기가 평가 함수를 적절히 만들어낸다고 하더라도 미세한 부분까지 학습할 수 있게 도와주어 더 좋은 분류기가 될 수 있도록 점진적인 학습을 가능케 한다.

표 6.3 Softmax Loss 계산 과정 예

			exp	normalize	-log
Test #1		Softmax Loss Equation $L_i = -\log\left(\frac{e^{s_{y_i}}}{\sum_j e^{s_j}}\right)$			
	Class '1'	**3**	**20.1**	**0.12**	0.92
	Class '2'	5	148.4	0.88	
	Class '3'	-1	0.4	0.00	
Test #2		Softmax Loss Equation $L_i = -\log\left(\frac{e^{s_{y_i}}}{\sum_j e^{s_j}}\right)$			
	Class '1'	1	2.7	0.04	0.92
	Class '2'	**4**	**54.6**	**0.84**	0.07
	Class '3'	2	7.4	0.11	
Test #3		Softmax Loss Equation $L_i = -\log\left(\frac{e^{s_{y_i}}}{\sum_j e^{s_j}}\right)$			
	Class '1'	2	7.4	0.5	0.92
	Class '2'	2	7.4	0.5	0.07
	Class '3'	**-3**	**0.1**	**0.0**	2.47
L (식 6.2)	= (1 / 3) × (0.92 + 0.07 + 2.47) = 3.46 / 3 = 1.153				

6.3 소프트맥스 계산 과정 실습

본 챕터의 실습에서는 소프트맥스 손실함수를 적용하는 과정을 수행한다. 이러한 계산 과정을 실습을 통해 확인해보자.

1. 본 실습을 위해 사용하는 데이터 앞선 챕터에서 사용했던 데이터를 다시 이용한다. 해당 데이터는 MNIST 데이터 중, 손글씨 클래스 '1', '2', '3'의 숫자로만 이루어진 MNIST 데이터이며, 'modified_MNIST.npy' 데이터를 다운받아 활용한다. 데이터로부터 행렬곱을 수행하여 평가 점수를 도출하는 과정은 앞선 챕터들의 실습에서 설명한 내용으로 이를 참고하면 된다.

```
## 라이브러리 로드
import numpy as np

## 데이터 로드
(train_X, train_Y), (_,_) = np.load('modified_MNIST.npy',
allow_pickle=True)

## 데이터 전처리 수행
# 28x28 매트릭스 -> 784 벡터로 변경
x = train_X.reshape(-1,784) / 255

# Class 숫자 [1, 2, 3]으로 기록된 라벨 데이터 [0, 1, 2]로 치환
ground_truth = train_Y-1

# 0-1 사이의 랜덤 넘버를 갖는 3x784 매트릭스 생성
W = np.random.rand(3,784)

# 데이터 shape 확인
print('x Shape : ', x.shape)
print('W Shape : ', W.shape)
```

```
Console Output:
x Shape : (15000, 784)
W Shape : (3, 784)
```

2 두 번째로 L_i 를 계산한다. 먼저 얻어진 평가 함수값에 지수(Exponential) 함수 'np.exp()'를 취한다. 두 번째로, 각 테스트 별 지수 함수가 적용된 평가 함수값의 합계값을 계산한다. 앞선 실습에서와 같이 'axis=1' 인자를 활용한다. 다음으로 L_i 를 저장할 수 있는 변수를 선언한다. 본 실습에서는 학습 데이터의 소프트맥스 손실을 계산하는 경우이므로, 15,000개의 요소를 담을 수 있는 벡터 형태로 제작이 필요하다. 여기서 'np.zeros(N)' 함수는 N개의 요소를 담을 수 있는 벡터를 만들고, 요소값으로 0을 지정하라는 함수이다. 비슷한 함수로, 'np.ones()' 함수도 사용할 수 있다. 이후, 각 테스트별 정규화가 적용된 평가 함수를 계산하여 평가 함수를 확률값으로 치환하고, 그 중 GT의 인덱스에 위치한 확률값을 찾아 L_i 를 계산한다. 계산된 15,000개의 L_i 를 토대로 전체 손실 L을 구한 결과, 약 2.36의 손실을 얻을 수 있었다.

```
## 행렬 계산 수행
# W와 x의 행렬곱 수행
score = np.dot(W,x.T).T

# 분자 분모에 사용될 exponential function 적용
exp_scores = np.exp(score)

# 분모로 사용될 exp_scores의 합계 벡터
sum_exp_scores = exp_scores.sum(axis=1)

## Li 계산
# Li를 저장할 numpy 변수 선언
softmax_losses = np.zeros(15000)

# 각 검증 별, normalized score 계산 후,
  yi 해당 값(GT 인덱스) 도출
for i in range(len(score)):
    normalized_score = exp_scores[i] / sum_exp_scores[i]
    softmax_losses[i] = normalized_score[ground_truth[i]]

# log function 적용 후 최종 Li 계산
softmax_losses = np.log(np.array(softmax_losses))*-1
```

```
# total loss 계산 및 출력
total_loss = softmax_losses.mean()
print('Total Loss : ', total_loss)
```

```
Console Output:
Total Loss : 2.3615371570019477
```

아래의 코드는 본 분석을 수행하기 위한 전 과정의 코드를 보여준다.

Chapter6_softmax_loss_function.ipynb

```
## 라이브러리 로드
import numpy as np

## 데이터 로드
(train_X, train_Y), (_,_) = np.load('modified_MNIST.npy',
allow_pickle=True)

## 데이터 전처리 수행
# 28x28 매트릭스 -> 784 벡터로 변경
x = train_X.reshape(-1,784) / 255
# Class 숫자 [1, 2, 3]으로 기록된 라벨 데이터 [0, 1, 2]로 치환
ground_truth = train_Y-1

# 0-1 사이의 랜덤 넘버를 갖는 3x784 매트릭스 생성
W = np.random.rand(3,784)

# 데이터 shape 확인
print('x Shape : ', x.shape)
print('W Shape : ', W.shape)

## 행렬 계산 수행
# W와 x의 행렬곱 수행
score = np.dot(W,x.T).T
```

```
# 분자 분모에 사용될 exponential function 적용
exp_scores = np.exp(score)

# 분모로 사용될 exp_scores의 합계 벡터
sum_exp_scores = exp_scores.sum(axis=1)

## Li 계산
# Li를 저장할 numpy 변수 선언
softmax_losses = np.zeros(15000)

# 각 검증 별, normalized score 계산 후,
  yi 해당 값(GT 인덱스) 도출
for i in range(len(score)):
    normalized_score = exp_scores[i] / sum_exp_scores[i]
    softmax_losses[i] = normalized_score[ground_truth[i]]

# log function 적용 후 최종 Li 계산
softmax_losses = np.log(np.array(softmax_losses))*-1

# total loss 계산 및 출력
total_loss = softmax_losses.mean()
print('Total Loss : ', total_loss)
```

CHAPTER 07

역전파

7.1 딥러닝 모델 학습이란?

앞선 챕터에서, 선형 분류기(Linear Classifier)는 매개변수[1] 접근법(Parametric Approach)이라고 설명한 바 있다. 매개변수 접근법의 한 종류인 분류기 모델은 종속변수 Y와 독립변수 X의 관계를 설명하기 위한 매개변수(Parameter)를 그 모델에 포함한다. 매개변수는 분석자가 정의하는 것이 아니라, 데이터로부터 학습되어야만 한다. 여기서 모델 학습이란 말의 의미를 생각해 볼 수 있는데, 식 7.1을 예로 들자면, 모델 학습이란 이미 알고 있는 데이터들(학습 데이터 셋)을 통해 종속변수 s와 독립변수 x의 관계 f를 유추하기 위해 모델이 내포한 매개변수인 가중치 W 를 변화시켜가며 가장 좋은 성능을 발휘할 수 있는 가중치를 찾아내는 것이다. 여기서 가장 좋은 성능이란 기준을 이야기하기 위해서는 일종의 기준이 필요하며, 해당 기준의 예가 바로 앞선 챕터 6에서 이야기 했던 SVM 손실, 소프트맥스 손실이 될 수 있다.

$$s = f(x, W) = Wx \quad \text{(식 7.1)}$$

놀라운 사실은 지금까지 학습한 내용이 바로 딥러닝 모델의 학습 과정 중 절반을 차지하는 내용들이라는 것이다. 실제로 딥러닝 모델의 학습은 두 가지 계산과정으로 이루어져 있다. 딥러닝 모델이 수행하는 두 가지 계산 과정은 일반적으로 정방향(Forward Pass)과 역방향(Backward Pass)로 나누어 설명할 수 있는데, 우리가 앞선 챕터까지 배웠던 과정이 바로 딥러닝 모델의 학습 과정 중 정방향 계산과정을 말한다. 정방향 계

1) 본 책에서는 Parameter을 파라미터와 매개변수로 혼용하여 표기하였다.

산과정을 한마디로 정의해보자면, 데이터로부터 모델의 성능을 파악할 수 있는 지표인 손실을 도출하는 과정이라고 말할 수 있다.

그렇다면 딥러닝 모델의 학습 과정 중 나머지 절반인 역방향 계산과정은 무엇인지, 그 목적은 무엇인지 이야기해보도록 하자. 역방향 계산과정은 일반적으로 역전파(Backpropagation)라고 지칭하며, 한마디로 표현하자면, 딥러닝 모델의 목적에 맞도록 파라미터를 수정해나가는 계산 과정이라고 표현할 수 있겠다. 예를 들어, 소프트맥스 손실을 사용한 분류기의 학습을 수행한다고 가정한다면, 손실이 0에 가까울수록 좋은 모델이라고 평가할 수 있다.

이 때, 역전파는 변화하는 입력 데이터와 딥러닝 모델의 정방향 계산과정을 통해 얻어지는 손실에 대해, 손실을 최소화 할 수 있도록 가중치 W를 수정하는 과정이다. 즉, 손실을 최소화할 수 있는 가중치 W의 변화 ∇W를 도출하는 것이 역전파의 계산과정에서 가장 중요한 포인트라고 말할 수 있다. 이를 위해서는 우리가 고등학교 시절 수학시간에 열심히 공부했던 변화율 공식과 미분 공식을 이용할 수 있다.

7.2 최적화의 목적

일반적으로 매개변수 즉, 파라미터가 속할 수 있는 특정 집합 내에서 파라미터로 정의될 수 있는 함수의 값을 최대화 혹은 최소화시킬 수 있는 파라미터를 찾아내는 과정을 최적화(Optimization) 라고 이야기한다. 딥러닝 모델에 빗대어 설명하자면, 파라미터는 가중치를 의미하게 되며, 파라미터로 평가 점수 함수(Score Function)를 정의할 수 있게 된다. 이렇게 정의 된 평가 점수 함수를 통해 손실함수가 정의될 수 있으며, 손실함수의 결과가 최소화 될 수 있는 가중치를 찾는 것이 학습의 목적이 된다.

SVM Loss에 빗대어 이를 설명하자면, 식 7.1과 같이, 입력 데이터 x와 가중치 W를 통해 Score s가 정의된다. 이렇게 정의된 s를 활용해 식 7.2와 같은 SVM 손실함수가 정의되므로, 전체 손실함수(Total Loss Function)는 식 7.3에서 보는 것과 같이 $f_{loss}(x, W)$로 x와 W를 활용해 정의될 수 있게 된다. 즉, 전체 손실을 최소화할 수 있는 조건으로 x와 W를 변화시키는 것을 고려할 수 있다. 이 때 x는 바뀔 수 없는 데이터이므로 가중치 W만을 변화시킬 수 있게 되고, 식 7.4를 통해 손실을 최소화 할 수 있는 가중치 W^*를 찾는 것이 딥러닝 모델의 학습 목적이 된다.

$$L_i = \sum_{j \neq y_i} \max(0,\ s_j - s_{y_i} + 1) \quad \text{(식 7.2)}$$

$$f_{loss}(x,\ W) = \frac{1}{N}\sum_{i=1}^{N} L_i \quad \text{(식 7.3)}$$

$$W^* = \underset{W}{\arg\min}\ f_{loss}(x,\ W) \quad \text{(식 7.4)}$$

7.3 랜덤 샘플링 활용 최적화 수행

손실을 최소화할 수 있는 W^*(식 7.4 참고)를 적절하게 찾을 수 있는 첫 번째 방법은 랜덤하게 변화하는 W를 사용해 보는 것이다.

1 이를 위해 숫자 형태의 배열을 다루기 편하게 해주는 NumPy 라이브러리를 먼저 로드하였다.

```
## 라이브러리 로드
import numpy as np
```

2 두 번째로 소프트맥스 손실을 계산할 수 있는 함수를 선언한다. 해당 프로그래밍 코드는 챕터 6의 실습을 기반한다.

```
## softmax total loss 계산 함수
def calculate_Softmax_loss(score, GT):

    # 분자 분모에 사용될 exponential function 적용
    exp_scores = np.exp(score)

    # 분모로 사용될 exp_scores의 합계 벡터
    sum_exp_scores = exp_scores.sum(axis=1)

    ## Li 계산
```

```
    # Li를 저장할 numpy 변수 선언
    softmax_losses = np.zeros(15000)
    # 각 테스트 별, normalized score 계산 후,
      yi 해당 값(GT 인덱스) 도출
    for i in range(len(score)):
        normalized_score = exp_scores[i] / sum_exp_scores[i]
        softmax_losses[i] = normalized_score[GT[i]]

    # log function 적용 후 최종 Li 계산
    softmax_losses = np.log(np.array(softmax_losses))*-1

    # total loss 계산 및 출력
    total_loss = softmax_losses.mean()

    return total_loss
```

3 입력 데이터로 사용될 변형 MNIST 데이터를 로드하고, 전처리한다.

```
## 데이터 로드
(train_X,train_Y), (_,_) = np.load('/content/drive/MyDrive/00.
                                   책_script/modified_MNIST.npy',
                                   allow_pickle=True)

## 데이터 전처리 수행
# 28x28 매트릭스 -> 784 벡터로 변경
x = train_X.reshape(-1,784) / 255

# class 숫자 [1, 2, 3]으로 기록된 라벨 데이터 [0, 1, 2]로 치환
ground_truth = train_Y-1
```

4 최적화해야 하는 기준은 'minimum_loss' 변수를 기준으로 하고, 어떤 값이 처음 생산되더라도 더 큰 값으로 설정하기 위해 초기 값을 무한대 값으로 초기화해 둔다.

```
# 최소 loss 무한대로 초기화
minimum_loss = float("inf")
```

5 랜덤하게 생성된 W를 통해 손실을 계산하는 과정을 100회 반복 수행하고, 이를 통해 손실이 이전에 계산된 최소 손실보다 작다면, 새롭게 손실과 W를 업데이트하도록 한다. 100회 수행 결과, 최종 손실로 0.93을 얻어낼 수 있었다.

```
## W 비교 100회 수행
for i in range(100):
    # 0-1 사이의 랜덤 넘버를 갖는 3x784 매트릭스 생성
    W = np.random.rand(3,784)

    ## 행렬 계산 수행
    # W와 x의 행렬곱 수행
    score = np.dot(W,x.T).T
    total_loss = calculate_Softmax_loss(score, ground_truth)

    if minimum_loss > total_loss:
        minimum_loss = total_loss
        bestW = W
        print("Iteration Number: %d" % int(i+1),
              "; and Minimum Loss: %.2f" % total_loss)
```

```
Console Output:
Iteration Number: 1 ; and Minimum Loss: 2.60
Iteration Number: 2 ; and Minimum Loss: 2.45
Iteration Number: 6 ; and Minimum Loss: 1.04
Iteration Number: 50 ; and Minimum Loss: 0.93
정확도 : 0.69
```

6 최적화된 손실을 만들어냈던 최적 W^*를 활용하여, 정확도를 도출하여 확인한다. 최적화된 결과는 69%의 정확도를 보이고 있다. 이는, 상당히 낮은 정확도로 판단할 수 있지만, 클래스가 3개인 경우를 생각할 때, 랜덤하게 찍을 때의 정확도인 33%보다 더 큰 정확도인 결과이므로, 아예 업데이트를 하지 않고 사용하는 것보다는 나은 결과를 얻을 수 있음을 보인다.

```
## 예측 결과 도출
# 최소 loss 보여준 best score 계산
best_score = np.dot(bestW,x.T).T

## best score를 통한 예측 결과 도출
predict = best_score.argmax(axis=1)

## 결과를 통한 정확도 도출
print('정확도 : %.2f' % (predict == ground_truth).mean())
```

```
Console Output:
정확도 : 0.69
```

아래의 코드는 본 분석을 수행하기 위한 전 과정의 코드를 보여준다.

Chapter7.1_optimization_random_W.ipynb

```
## 라이브러리 로드
import numpy as np

## softmax total loss 계산 함수
def calculate_Softmax_loss(score, GT):

    # 분자 분모에 사용될 exponential function 적용
    exp_scores = np.exp(score)

    # 분모로 사용될 exp_scores의 합계 벡터
    sum_exp_scores = exp_scores.sum(axis=1)
```

```
    ## Li 계산
    # Li를 저장할 numpy 변수 선언
    softmax_losses = np.zeros(15000)

    # 각 테스트 별, normlized score 계산 후,
      yi 해당 값(GT 인덱스) 도출
    for i in range(len(score)):
        normalized_score = exp_scores[i] / sum_exp_scores[i]
        softmax_losses[i] = normalized_score[GT[i]]

    # log function 적용 후 최종 Li 계산
    softmax_losses = np.log(np.array(softmax_losses))*-1

    # total loss 계산 및 출력
    total_loss = softmax_losses.mean()

    return total_loss

## 데이터 로드
(train_X,train_Y), (_,_) = np.load('/content/drive/MyDrive/00.
                              책_script/modified_MNIST.npy',
                              allow_pickle=True)

## 데이터 전처리 수행
# 28x28 매트릭스 -> 784 벡터로 변경
x = train_X.reshape(-1,784) / 255

# class 숫자 [1, 2, 3]으로 기록된 라벨 데이터 [0, 1, 2]로 치환
ground_truth = train_Y-1

# 최소 loss 무한대로 초기화
minimum_loss = float("inf")

## W 비교 100회 수행
for i in range(100):
    # 0-1 사이의 랜덤 넘버를 갖는 3x784 매트릭스 생성
    W = np.random.rand(3,784)
```

```
    ## 행렬 계산 수행
    # W와 x의 행렬곱 수행
    score = np.dot(W,x.T).T
    total_loss = calculate_SVM_loss(score, ground_truth)

    if minimum_loss > total_loss:
        minimum_loss = total_loss
        bestW = W
        print("Iteration Number: %d" % int(i+1),
              "; and Minimum Loss: %.2f" % total_loss)

## 예측 결과 도출
# 최소 loss 보여준 best score 계산
best_score = np.dot(bestW,x.T).T

## best score를 통한 예측 결과 도출
predict = best_score.argmax(axis=1)

## 결과를 통한 정확도 도출
print('정확도 : %.2f' % (predict == ground_truth).mean())
```

7.4 경사하강법 활용 최적화 수행

랜덤 샘플링을 통한 최적화의 경우, 수많은 가중치의 경우의 수를 테스트 해 볼 수 있다면 충분히 좋은 결과를 얻을 수 있는 하나의 방법이지만, 딥러닝 모델이 가지고 있는 엄청난 수의 파라미터를 생각한다면, 딥러닝 모델 학습에 있어 효율적이지 않다는 한계가 존재한다고 볼 수 있다. 이러한 한계를 극복하기 위한 방법으로 경사하강법(Gradient Descent Method)이 사용될 수 있다.

경사하강법의 원리는 간단하다. 눈을 가린 한 청년이 산 정상에 위치해 있다고 가정할 때, 하산할 수 있는 방법을 생각해 보자. 청년은 눈을 가렸기 때문에, 앞이 보이지 않는다. 따라서, 본인 주위에 발을 내딛어 보며 현재 위치보다 낮은 곳으로 한걸음 이동한다. 두 번째 위치에서도 마찬가지로, 발을 내딛어 현재 위치보다 낮은 곳으로 이동하여 점점 낮은 곳으로 하산할 수 있게 되는데, 이러한 원리를 따라 제시된 최적화 기술이 바로 경사하강법이다.

딥러닝 모델의 입장에서는, 손실함수의 그래프가 우리가 하산해야 할 '산'으로 인식할 수 있으며, 위치를 이동하는 것이 바로 '가중치 W'를 수정해나가는 것이다. 또한 한걸음씩 발을 내딛어가며 기존 위치보다 낮은 위치를 찾는 것이 함수의 변화율 ∇W를 계산하여 적용하는 것을 의미한다. 따라서, 경사하강법에서는 우리가 고등학교 수학에서 배웠던 변화율 공식인 식 7.5를 이용하여 W에 대한 손실함수의 변화율을 계산하고 이를 활용해 최적화를 수행하게 된다.

$$\frac{df(x)}{dx} = \lim_{h \to 0} \frac{f(x+h) - f(x)}{h} \tag{식 7.5}$$

이러한 경사하강법을 프로그래밍으로 구현함에 있어 식 7.5의 좌, 우변에 있는 수식을 사용함에 따라 그 방식이 달라진다. 먼저 우변에 위치한 공식을 사용하여 연산되는 경사하강법을 수치적 경사하강법(Numerical Gradient Descent Method)이라고 부른다[1]. 수치적 기울기(Numerical Gradient)를 통해 W^*를 찾아내는 방식은 상당히 직관적으로 이해될 수 있다는 장점이 있다. 컴퓨터 프로그래밍을 통한 연산과정에서 분모가 0이 될 경우 에러가 발생하게 되므로, h에 0에 가까운 작은 값을 입력해 계산을 수행한다. 이렇게 구해진 기울기(Gradient)는 lim를 활용하기 때문에, 약간의 오차를 포함할 수 밖에 없다. 또한, 연산량이 많아지기 때문에 느린 단점을 가지게 된다.

반면 식 7.5의 좌변을 이용할 경우, 이러한 단점이 해결될 수 있다. 좌변을 직접 구하는 것은 미분을 활용하여 얻은 분석적 기울기(Analytic Gradient)를 이용하는 방법으로 분석적 기울기 경사하강법이라고 부른다[1]. 분석적 기울기 경사하강법을 활용하게 되면, 계산된 기울기가 오차를 포함하지 않아 정확한 값을 얻을 수 있으며, 연산 시 반복문을 사용할 필요가 없어져 수치적 기울기 경사하강법에 비해 빠르게 연산이 가능해진다는 장점이 있다.

실습을 통해 이러한 계산과정의 차이를 실제적으로 알아보자.

1 실습에서는 $f(x) = Wx$ 의 식을 최적화 하는 방안을 찾는다. 여기서 W의 참값은 -4.5로 가정한다. 이를 위한 간단한 함수와 데이터를 아래와 같이 명시하여 활용하였다. 사용할 x는 정수 7로 정의하며, 평가 점수 함수는 식 7.6과 같이 정의했으며, 이에 따라 손실함수는 식 7.7로 정의된다.

$$f(x, W) = Wx + 1 \quad \text{(식 7.6)}$$

$$Loss = |f(x, W) - f(x, -4.5)| \quad \text{(식 7.7)}$$

```
## 라이브러리 로드
import numpy as np

## f(x) 계산을 위한 function 정의
def f(x, W):
    return W*x + 1

## loss 계산을 위한 function 정의
def total_loss(x, W):
    return sum(abs(f(x,W) - f(x,-4.5))) / len(x)

x = np.array([7])
```

2-1 우선적으로 수치적 경사하강법을 계산하는 과정을 보여주고 있다. 우선적으로 h를 0.0001로 설정하였으며, 가중치에 h가 적용될 때와 적용되지 않을 때 손실 간의 차를 h로 다시 나누어 변화율을 얻어내고, 이를 통해 계산되는 t시점의 ∇W_t를 W_t 에 업데이트 시켜 W_{t+1}을 얻어낸다. 이 때 업데이트에 사용되는 식은 식 7.8과 같으며, α는 학습률(Learning Rate)을 말한다. 30회 학습 수행 결과를 통해 업데이트 된 W로 -4.8을 얻을 수 있었으며, W의 참값인 -4.5와 상당히 유사한 결과를 얻을 수 있었다.

$$W_{t+1} = W_t - \alpha \nabla W_t \quad \text{(식 7.8)}$$

```
## Numerical Gradient Descent Method
# 초기 W를 가정
W = 5

print('Numerical Gradient Descent Method 수행')
for i in range(30):
    print(i+1,'번째 수행')
    # h 설정
    h = 0.0001

    # W 이용 loss 계산
    current_loss = total_loss(x, W)

    # h 적용된 tempW 이용 loss 계산
    tempW = W + h
    temp_loss = total_loss(x, tempW)
    dW = (temp_loss - current_loss)/h

    print('기존 W : %.2f' % W)
    print('dW : %.2f' % dW)

    # W 업데이트
    W -= dW*0.1

    print('업데이트 된 W : %.2f' % W)
    print('기존 W 이용 loss : %.2f' % current_loss)
    print('업데이트된 W 이용 loss : %.2f'% total_loss(x, W))
    print('')
```

```
Console Output:
....

29 번째 수행
기존 W : -4.80
dW : -7.00
업데이트 된 W : -4.10
기존 W 이용 loss : 2.10
```

```
업데이트된 W 이용 loss : 2.80

30 번째 수행
기존 W : -4.10
dW : 7.00
업데이트 된 W : -4.80
기존 W 이용 loss : 2.80
업데이트된 W 이용 loss : 2.10
```

2-2 다음으로 분석적 경사하강법을 활용하여 최적화를 수행하는 계산하는 과정을 비교해보자. 앞선 수치적 경사하강법과 비교할 때, h를 적용하고, 손실을 구해내는 반복적인 작업에 대한 코딩이 사라짐을 알 수 있다. 반면 ∇W을 계산하기 위해 손실함수를 미분한다고 생각하면, 식 7.9와 같이 미분된다. 이를 활용하여 W를 업데이트 하게 되면, 앞선 수치적 경사하강법에서 얻은 것과 같은 결과를 얻어낼 수 있다.

$$\nabla W = \begin{cases} x & (W > 4.5) \\ -x & (W < 4.5) \end{cases} \quad \text{(식 7.9)}$$

```
## Analytic Gradient Descent Method
# 초기 W를 가정
W = 5

print('Analytic Gradient Descent Method 수행')
for i in range(30):
    print(i+1,'번째 수행')

    # 현재 loss 계산
    current_loss = total_loss(x, W)

    # loss 식 미분공식 이용, 여기서 loss 식은 절대값을 취하고
      있음 따라서, dW 계산에 두 개의 식이 존재함
    if W < -4.5:
        dW = -1*x
```

```
    else:
        dW = x

    print('기존 W : %.2f' % W)
    print('dW : %.2f' % dW)

    # W 업데이트
    W -= dW*0.1

    print('업데이트 된 W : %.2f' % W)
    print('기존 W 이용 loss : %.2f' % current_loss)
    print('업데이트된 W 이용 loss : %.2f'% total_loss(x, W))
    print('')
```

```
Console Output:
....

29 번째 수행
기존 W : -4.80
dW : -7.00
업데이트 된 W : -4.10
기존 W 이용 loss : 2.10
업데이트된 W 이용 loss : 2.80

30 번째 수행
기존 W : -4.10
dW : 7.00
업데이트 된 W : -4.80
기존 W 이용 loss : 2.80
업데이트된 W 이용 loss : 2.10
```

아래의 코드는 본 분석을 수행하기 위한 전 과정의 코드를 보여준다.

Chapter7.2_optimization_with_gradient_descent.ipynb

```
## 라이브러리 로드
import numpy as np

## f(x) 계산을 위한 function 정의
def f(x, W):
    return W*x + 1

## loss 계산을 위한 function 정의
def total_loss(x, W):
    return sum(abs(f(x,W) - f(x,-4.5))) / len(x)

x = np.array([7])

## Numerical Gradient Descent Method
# 초기 W를 가정
W = 5

print('Numerical Gradient Descent Method 수행')
for i in range(30):
    print(i+1,'번째 수행')
    # h 설정
    h = 0.0001
    # W 이용 loss 계산
    current_loss = total_loss(x, W)

    # h 적용된 tempW 이용 loss 계산
    tempW = W + h
    temp_loss = total_loss(x, tempW)
    dW = (temp_loss - current_loss)/h

    print('기존 W : %.2f' % W)
    print('dW : %.2f' % dW)
```

```
    # W 업데이트
    W -= dW*0.1

    print('업데이트 된 W : %.2f' % W)
    print('기존 W 이용 loss : %.2f' % current_loss)
    print('업데이트된 W 이용 loss : %.2f'% total_loss(x, W))
    print('')

## Analytic Gradient Descent Method
# 초기 W를 가정
W = 5

print('Analytic Gradient Descent Method 수행')
for i in range(30):
    print(i+1,'번째 수행')

    # 현재 loss 계산
    current_loss = total_loss(x, W)

    # loss 식 미분공식 이용, 여기서 loss 식은 절대값을 취하고
      있음 따라서, dW 계산에 두 개의 식이 존재함
    if W < -4.5:
        dW = -1*x
    else:
        dW = x
    print('기존 W : %.2f' % W)
    print('dW : %.2f' % dW)

    # W 업데이트
    W -= dW*0.1
    print('업데이트 된 W : %.2f' % W)
    print('기존 W 이용 loss : %.2f' % current_loss)
    print('업데이트된 W 이용 loss : %.2f'% total_loss(x, W))
    print('')
```

7.5 그래프를 통한 경사하강법 표현

본 챕터에서는 분석적 경사하강법을 기반한 최적화 기술을 활용해 모델 학습의 역전파를 수행하는 과정을 학습하고자 한다. 이 과정에서 가장 중요한 부분이 손실이 최소화 되도록 가중치 W를 업데이트하는 것이다. 가중치 W를 업데이트 하기 위해선 손실에 대한 W의 변화율인 ∇W 계산해내는 역전파 과정이 수행되어야 한다. 가중치 W를 업데이트하기 위해서는 경사하강법을 활용한다. 앞서 설명한 '산 정상에 위치한 눈을 가린 청년의 예'를 통해 이를 쉽게 설명해보자면 산은 손실의 그래프, 눈을 가린 청년이 내딛는 발의 방향과 보폭이 ∇W를 의미한다고 말할 수 있겠다.

역전파 과정의 이해를 돕기 위해서 이 책에선 그림 7.1와 같은 그래프를 이용하여 설명한다. 그림 7.1의 과정은 소프트맥스 손실을 활용할 때 전체 손실 값을 얻어내는 일련의 과정을 그래프로서 표현하고 있다. 각 연산은 원형 노드로 표현되며, 화살표들이 데이터의 입출력을 표현하고 있다.

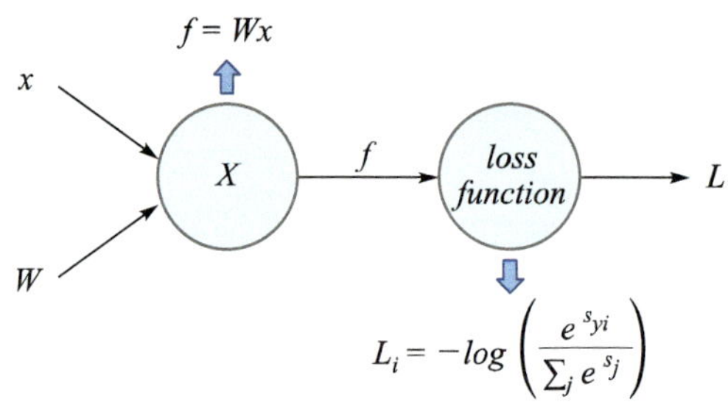

그림 7.1 인공신경망의 그래프화 개념

역전파 과정 계산의 예로 식 7.10의 역전파 과정을 계산해 보도록 하자. 이해를 돕기 위해 $x+y$의 출력 값을 q로 치환하여 표현한다. 이에 따라 식 7.10을 식 7.11, 7.12와 같이 변환하여 정의할 수 있다.

$$f(x, y, z) = x + yz \quad \text{(식 7.10)}$$

$$q = yz \quad \text{(식 7.11)}$$

$$f = x + q \quad \text{(식 7.12)}$$

식 7.10을 그래프(Graph)를 통해 표현하게 되면, 그림 7.2과 같이 나타낼 수 있다. 여기서, x는 -1, y는 3, z는 2라고 가정해보자. 가정된 x, y, z 값에 따라 q는 6, f는 5로 정의된다.

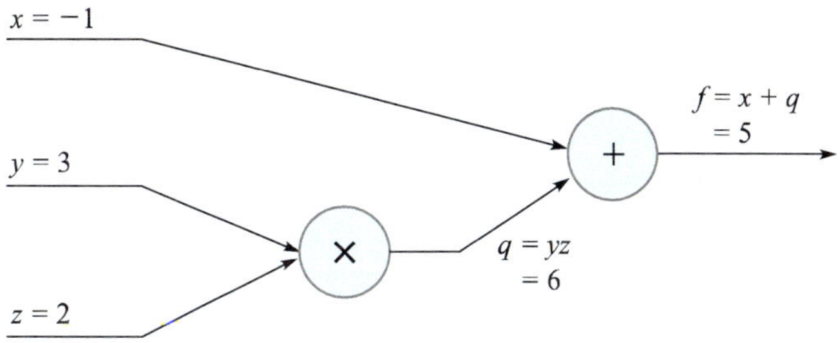

그림 7.2 식 7.10의 그래프화

분석적 경사 $\nabla x, \nabla y$, ∇z 를 구하기 위해선, f에 대한 각 변수에 대한 변화율을 계산해야 한다. 이를 위해, 식 7.11과 식 7.12를 x, y, z에 대한 각각의 미분을 수행하여 계산한다. 먼저 식 7.12를 살펴보게 되면, f는 x와 q의 수식으로 표현되어 있다. 여기서 편미분 공식을 적용해 얻을 수 있는 결과는 식 7.13과 식 7.14 이다.

$$\nabla x = \frac{\partial f}{\partial x} = 1 \quad \text{(식 7.13)}$$

$$\nabla q = \frac{\partial f}{\partial q} = 1 \quad \text{(식 7.14)}$$

이를 통해서는 $\frac{\partial f}{\partial x}$ 를 얻을 수 있지만 나머지 $\frac{\partial f}{\partial y}$, $\frac{\partial f}{\partial z}$ 에 대해서는 계산할 수 없다. 이를 얻어내기 위해 식 7.11을 y와 z에 대해서 미분하면 식 7.15와 식 7.16을 통해 $\frac{\partial q}{\partial y}$와 $\frac{\partial q}{\partial z}$를 각각 얻을 수 있다. 여기서 연쇄 법칙(Chain Rule)를 이용해 식 7.15, 7.16에 각각 식 7.13을 곱해주게 된다면 우리가 얻고자 하는 결과값인 $\frac{\partial f}{\partial y}$, $\frac{\partial f}{\partial z}$ 를 얻을 수 있게 된다. 이에 따라 정의된 $\frac{\partial f}{\partial y}$, $\frac{\partial f}{\partial z}$ 은 각각 식 7.17, 7.18과 같다.

$$\frac{\partial q}{\partial y} = z = 2 \quad \text{(식 7.15)}$$

$$\frac{\partial q}{\partial z} = y = 3 \quad \text{(식 7.16)}$$

$$\nabla y = \frac{\partial f}{\partial y} = \frac{\partial f}{\partial q}\frac{\partial q}{\partial y} = 1 \times 2 = 2 \quad \text{(식 7.17)}$$

$$\nabla z = \frac{\partial f}{\partial z} = \frac{\partial f}{\partial q}\frac{\partial q}{\partial z} = 1 \times 3 = 3 \quad \text{(식 7.18)}$$

이렇게 얻어낸 각 $\nabla x, \nabla y$, ∇z 들은 그림 7.3과 같이 데이터를 적은 파란색 숫자 아래 적힌 붉은색 숫자와 같이 표현된다.

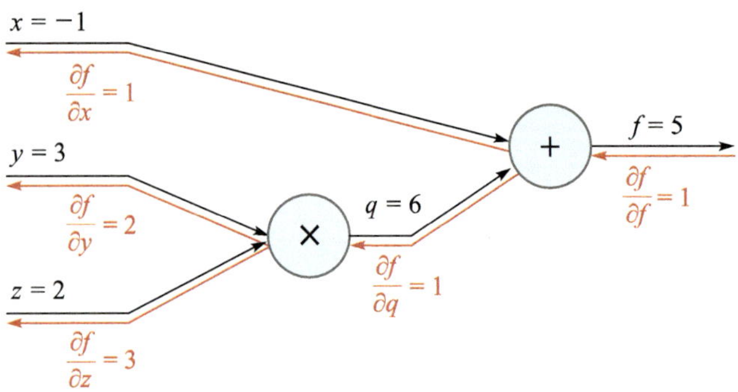

그림 7.3 Chain Rule이 적용되어 계산된 식 7.10 변수별 변화율

이러한 역전파 과정을 일반화하여 표현하게 된다면 그림 7.4와 같다. f로 표현된 평가 점수 함수를 통해 Score s가 계산되고, 이를 통해 손실 L을 계산할 수 있다. 결론적으로 역전파를 통해 최종적으로 알고자하는 ∇W는 손실에 대한 W의 변화율 $\frac{\partial L}{\partial W}$이 되며, 이를 도출해내는 과정이 학습의 역전파이다.

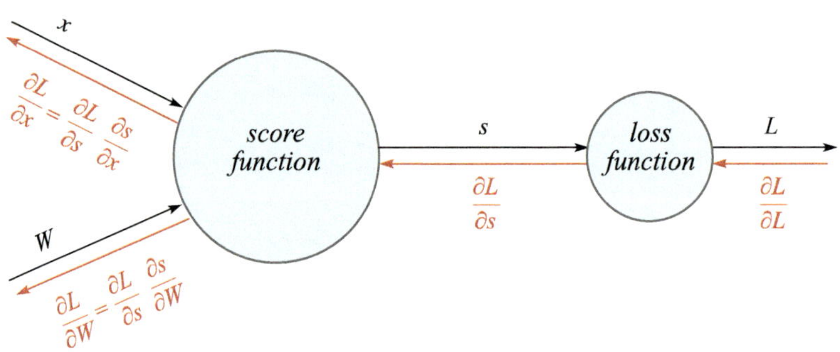

그림 7.4 Chain Rule이 적용되어 계산된 변수별 변화율의 일반화

CHAPTER 08

인공신경망

8.1 퍼셉트론과 MLP

본 챕터부터 본격적으로 딥러닝의 기초 기술인 인공신경망(Artificial Neural Network, ANN)에 대해서 학습하고자 한다. 인공신경망은 인간의 뇌 속 신경세포인 뉴런이 작동하는 방식을 수학적으로 본 따 기계가 학습할 수 있는 머신러닝의 방식으로 발전시킨 기술을 말한다[1].

인공신경망을 좀 더 쉽게 이해하기 위해 가장 간단한 형태의 인공신경망이라고 볼 수 있는, 인공신경망의 초기 모델인 퍼셉트론(Perceptron)[2]에 대해서 먼저 알아보도록 하자. 퍼셉트론은 그림 8.1와 같은 문제를 해결하기 위해 제시되었다. 그림 8.1에서 빨간점과 파란점을 어떻게 나눌 수 있을까? 결론적으로 말하자면, 앞서 배운 선형 분류기(Linear Classifier)를 활용하여, 붉은 점과 푸른 점의 사이를 지나는 직선을 그리게 되면 간단히 나눌 수 있다. 퍼셉트론도 이러한 선형 분류기의 특성처럼 직선을 통해 데이터를 분류할 수 있도록 이용될 수 있다.

그림 8.2는 퍼셉트론을 통해 두 그룹의 점들을 구분하는 모습을 보여주고 있으며, 식으로 표현하게 되면 식 8.1과 같다. 이러한 식 8.1을 그래프로써 도식화하여 표현하면 그림 8.3과 같이 표현할 수 있다. 일반적인 인공신경망도 그림 8.3와 같이 표현되므로, 해당 그림의 형태를 꼭 기억할 필요가 있다.

$$y = Wx + b \qquad \text{(식 8.1)}$$

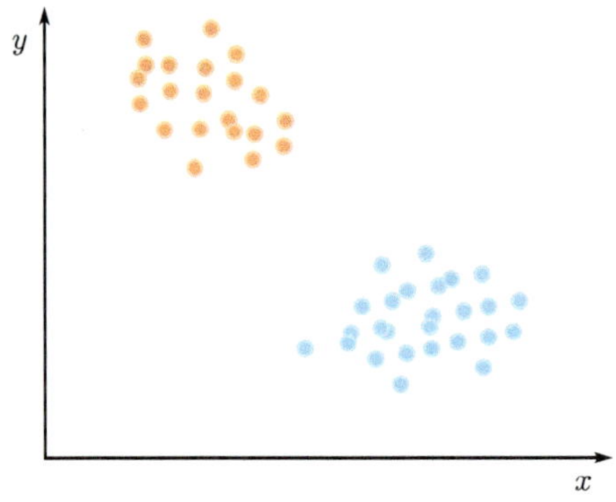

그림 8.1 빨간점과 파란점

앞서 서술했던 것처럼 초기 퍼셉트론이 제안되었을 당시에는 퍼셉트론이 AND 문제와 OR 문제를 효과적으로 해결할 수 있다는 특징이 있어 인공지능 연구에 있어 전폭적인 관심을 받았었다. 퍼셉트론을 통해 AND 문제와 OR 문제의 해결하는 방법으로 그림 8.2, 8.3에서 설명한 것처럼 간단한 직선을 하나 그려 두 그룹을 나누는 방식을 활용한다(그림 8.4, 8.5 참고). 여기서 AND 문제란 X1과 X2가 True (1) 일 때, Y도 True로 선택하는 것이며, OR 문제는 X1 혹은 X2 중 True가 하나라도 존재하면 Y도 True로 만드는 논리 문제를 말한다 (표 8.1).

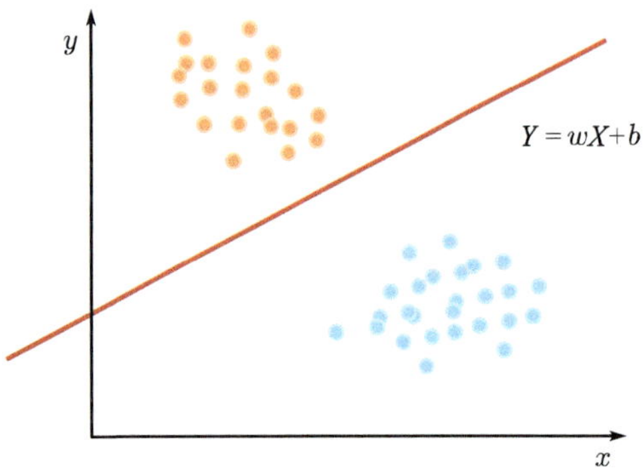

그림 8.2 퍼셉트론을 통한 빨간점과 파란점 그룹의 구분

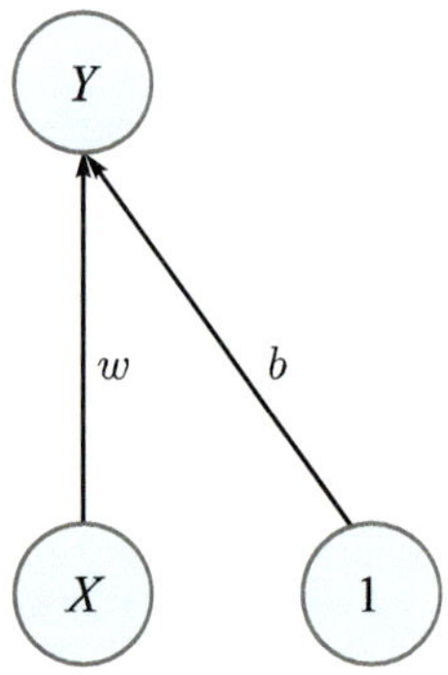

그림 8.3 신경망 구조로 표현된 퍼셉트론

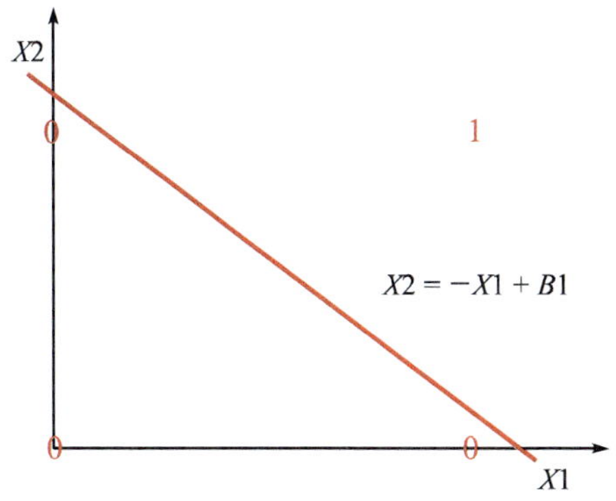

그림 8.4 AND 문제의 해결

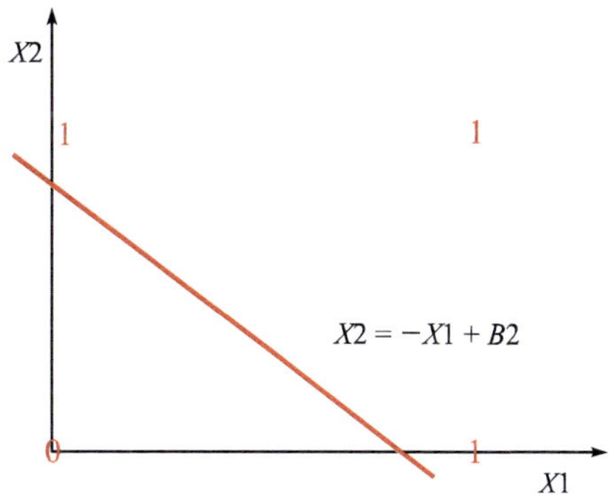

그림 8.5 OR 문제의 해결

표 8.1 AND 문제 및 OR 문제

AND			OR		
Input		Output	Input		Output
X1	X2	Y	X1	X2	Y
0	0	0	0	0	0
0	1	0	0	1	1
1	0	0	1	0	1
1	1	1	1	1	1

하지만 이러한 퍼셉트론은 그림 8.6과 표 8.2에서 보이는 것과 같은 XOR 문제를 해결할 수 없었다. XOR 문제는 X1과 X2가 서로 다를 때 Y를 True로 나타내는 논리 문제를 말한다. 앞서서 활용했던 퍼셉트론은 선형 문제에만 잘 작동하기 때문에, 이러한 비선형적 형태를 가진 XOR 문제를 해결할 순 없다. 하지만, 퍼셉트론을 두 개 활용한다면, 이러한 XOR 문제도 해결될 수 있다. 다시 말해, 그림 8.4, 8.5에서 활용했던 두 직선을 함께 그림 8.6에서 활용한다면 그림 8.7과 같이 표현될 수 있으며, 두 개의 퍼셉트론은 그림 8.8에서 보는 것 같은 신경망의 구조로 구성된다.

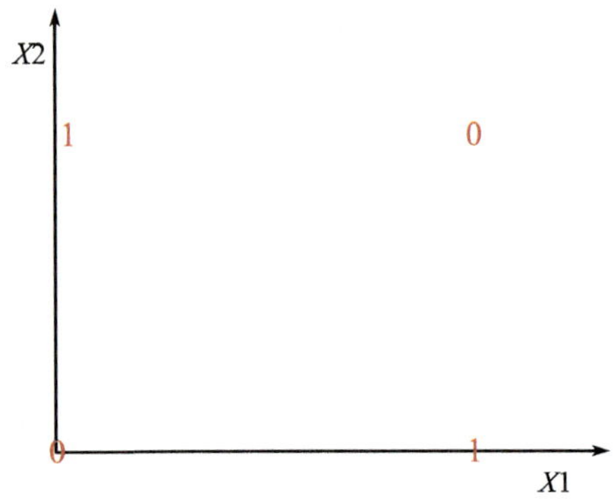

그림 8.6 XOR 문제 도식화

표 8.2 XOR 문제

XOR		
Input		Output
X1	X2	Y
0	0	0
0	1	1
1	0	1
1	1	0

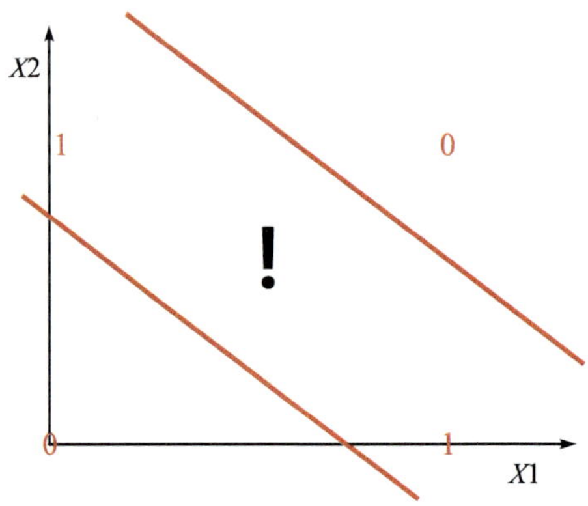

그림 8.7 두 개의 퍼셉트론을 활용한 XOR 문제 해결

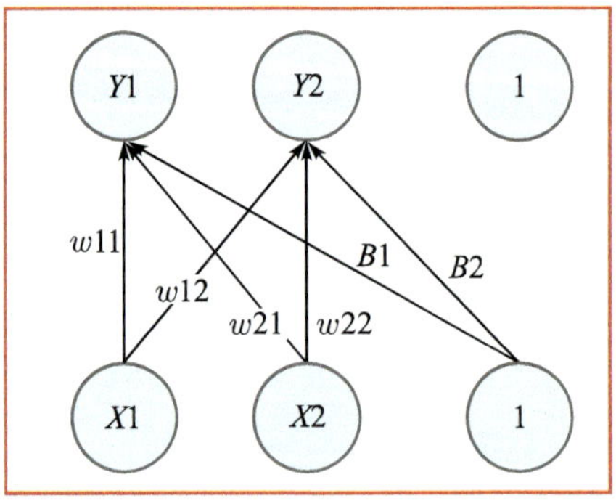

그림 8.8 신경망 구조로 표현된 두 개의 퍼셉트론

즉, XOR 문제의 해결을 위해 AND 문제와 OR 문제에서 활용했던 각각의 퍼셉트론을 함께 활용하게 된다면, 두 문제의 출력값으로 정의되었던 값들을 통해 표 8.3과 같

이 새로운 은닉층(Hidden Layer)을 만들어 낼 수 있다. 이렇게 정의된 은닉층은 그림 8.9와 같이 Y1, Y2를 활용한 차원으로 새롭게 표현될 수 있으며, 이는 그림 8.9에서 보는 것과 같은 하나의 퍼셉트론을 활용해 분류될 수 있다. 이러한 퍼셉트론 구조는 그림 8.10과 같이 표현되며, 두 개 이상의 퍼셉트론이 다층을 형성한 퍼셉트론 구조를 MLP(Multi-Layer Perceptron)[3]라고 부른다. MLP를 활용하게 된다면 다중의 선형 분류기를 통해 단일로는 해결할 수 없던 비선형적 문제를 해결할 수 있고, 이를 통해 다양한 패턴 분석에 장점이 있다. 이러한 장점은 최근 많은 영역에서 딥러닝을 활용하는 가장 큰 이유이다.

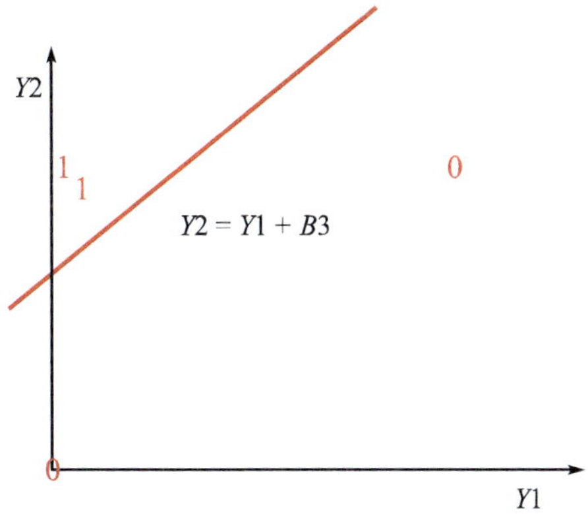

그림 8.9 새로운 차원을 해결하기 위한 퍼셉트론 예

표 8.3 MLP를 활용한 XOR 문제의 차원 변화

XOR			
Input		Hidden	
X1	X2	Y1	Y2
0	0	0	0
0	1	0	0
1	0	0	1
1	1	1	1

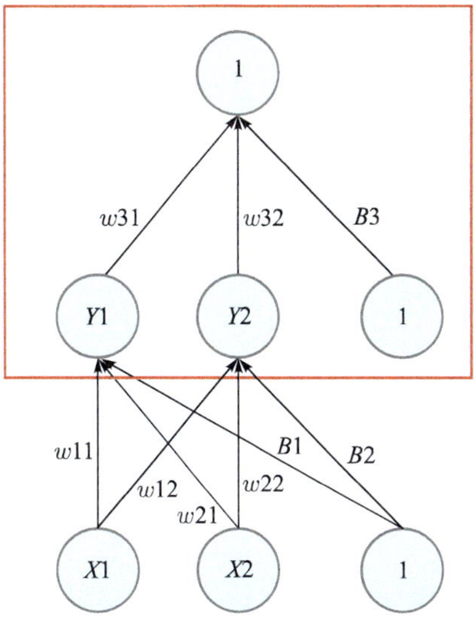

그림 8.10 신경망 구조로 표현된 MLP

8.2 인공신경망(ANN)

일반적으로 인공신경망의 기본구조는 그림 8.11와 같은 형태로 구성된다. MLP 보다는 조금 더 복잡한 형태로 구성되고, 입력층(Input Layer)과 출력층(Output Layer) 사이에 은닉층들이 존재하게 된다. 또한 각 층은 여러 데이터 변수를 의미하는 노드들의 집합으로 구성된다. 층과 층의 각 노드들은 기본적으로 모두 연결된 형태로 만들어지게 되며, 여기서 화살표는 바로 가중치들을 의미한다.

인공신경망을 기반으로 하는 딥러닝 기술은 일반적으로 깊은(Deep) 신경망을 가지게 되는데, 여기서 인공신경망이 깊어진다(Deep해진다)라는 말이 바로 은닉층이 많아지고, 노드 수가 많아진다는 의미를 내포하고 있다. 일반적으로 심층신경망(Deep Neural Network) 혹은 딥러닝이라고 부르는 네트워크는 3개 이상의 은닉층을 지니는 네트워크를 지칭한다.

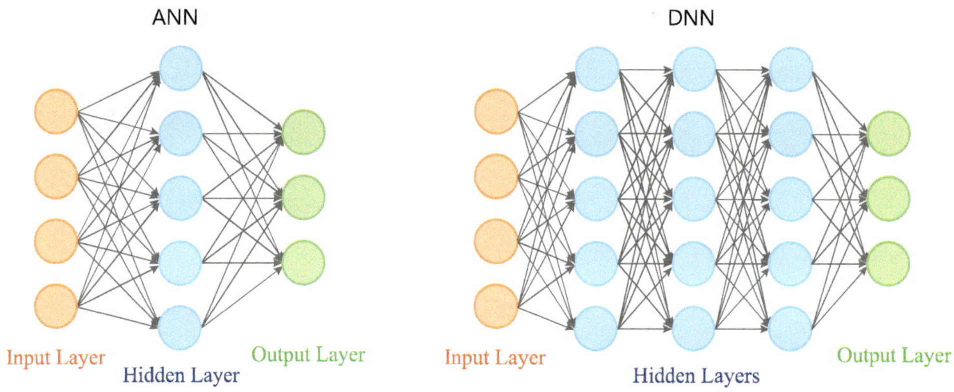

그림 8.11 인공신경망의 기본 구조

인공신경망을 자세히 살펴보면, 구동방식과 그 구조에 있어서 MLP와 거의 동일다고 볼 수 있다. 이 중 가장 다른 점은 인공신경망은 출력값을 도출하기 전에 활성화 함수(Activation Function)를 사용한다는 것이다(그림 8.12 참고). 활성화 함수를 단순히 들여다보면 단지 미리 정의된 하나의 은닉층처럼 이해할 수 있지만 이 활성화 함수는 사실상 딥러닝 기반 분석에 다양한 영향을 미치게 된다. 이에 대한 자세한 설명은 Part 2에서 다루도록 하고, 여기서는 MLP와 인공신경망의 구조에서 활성화 함수가 존재하는지의 여부가 다른 점만 기억하고 넘어가도록 하자.

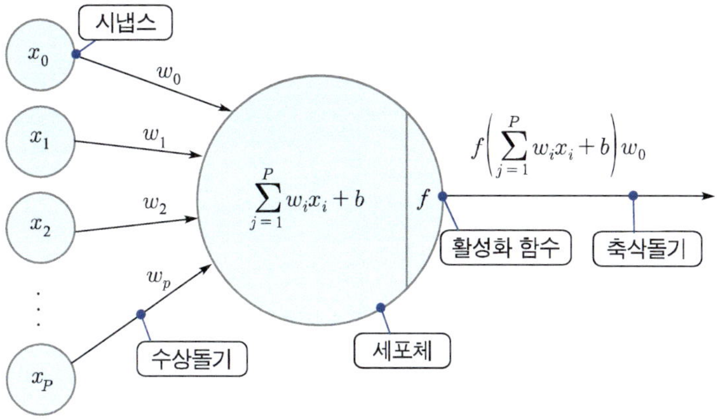

그림 8.12 뉴런의 동작을 수식화한 인공신경망의 구조

인공신경망의 가장 큰 특징은 데이터를 통해 학습한다는 것이며, 이는 챕터 3에서 이야기한 데이터 기반 접근법(Data-Driven Approach)를 따른다는 말과 동일하다. 앞선 챕터에서 배워온 선형 분류기와 최적화(Optimization)를 생각해보면, 인공신경망 내 위치한 노드 두 개와 화살표 하나가 만드는 퍼셉트론의 형태가 바로 선형 분류기의 구조와 다를 것이 없다. 즉, 노드 간의 관계를 나타내는 가중치(화살표)를 학습하는데 앞서 정방향 계산과정(Forward Pass)과 역전파(Backpropagation)를 활용하게 되고, 이러한 학습 기존 알고 있는 x와 y 데이터를 통해 진행된다.

데이터를 통해 학습하게 된다면, 양질의 데이터를 확보하는 것이 인공신경망의 학습에서 가장 중요한 부분일 것이다. 만약 분석에 활용되는 샘플링된 데이터가 편향되어, 해당 샘플링 데이터가 모수 데이터가 가진 잠재 영역(Space)을 모두 아우를 수 없는 수준이라면, 아무리 많은 횟수로, 좋은 방법으로 인공신경망을 학습시켰다 해도 인공신경망의 분석 능력이 현저히 떨어질 수 있다.

또한, MLP의 예에서 보았듯이, 층이 많아지면 선형관계의 문제를 다양한 차원의 문제로 뒤바꾸어 해결할 수 있도록 신경망이 작동하게 된다. 즉, 입력과 출력의 관계가 비선형적인 관계를 가지고 있더라도, 다중 레이어를 가진 인공신경망은 입출력간의 관계 패턴 파악 및 비선형 문제를 해결하는데 능하다는 장점이 있다.

특히, 인공신경망은 블랙박스 기법이라고 불린다. 블랙박스란 입력과 출력의 관계를 설명하기 위한 파라미터가 존재할 때, 해당 파라미터를 해석할 수 없는 경우를 지칭한다. 인공신경망의 경우, 은닉층이 많아지고, 레이어 별 노드 수가 많아지게 된다면, 자연스럽게 그 노드들을 연결하는 가중치가 기하급수적으로 늘어날 수 밖에 없다. 입출력 데이터 관계의 측면에서 봤을 때 가중치는 입출력 관계를 설명할 수 있는 인자이지만, 인공신경망에서는 이를 해석할 수 없는 정도로 너무 많은 가중치를 가지게 된다. 이러한 이유로, 많은 학자들은 인공신경망을 블랙박스 기법이라고 부르곤 한다.

한편, 입출력간의 관계를 제대로 해석하기 위해선 가중치가 가지고 있는 의미를 해석할 수 있는 것이 분석에 있어서 가장 중요하다는 것은 분명한 사실이다. 그 예로 과거부터 지금까지 가장 파워풀한 방식으로 사용되는 회귀분석을 들 수 있는데, 회귀분석의 파라미터인 β는 관계를 명확히 설명해줌과 동시에, 해당 파라미터가 통계적으로 유의미한지도 알 수 있도록 설계되어 있다. 앞서 서술한 것과 같이, 수많은 선형 분류기를 이용한다는 관점의 견해에서는 인공신경망도 충분히 해석해보자라는 시도도 존재한다. 인공신경망의 모든 가중치를 시간을 들여 분석하게 되면, 아무리 깊은 인공신경망도 분석이 가능하기 때문에, 어떤 가중치가 입출력 관계를 해석하는데 가장 중요한 역할을 하는지 분석할 수 있다. 이러한 기술은 설명가능한 인공지능(XAI, eXplainable AI)라고 불리며, 최근 해당 기술이 많은 주목을 받고 있다.

8.3 Keras를 활용한 간단한 인공신경망 만들기

본 장에서는 챕터 3에서 실습했던 "Chapter3_classification_MNIST_basic.ipynb"의 코드를 변형하여 간단한 인공신경망을 만들어보도록 한다.

1 가장 먼저 라이브러리 및 MNIST 데이터를 로드하고, MNIST 이미지 데이터의 픽셀값을 0 에서 1 사이의 값으로 바꾸기 위한 전처리 과정을 수행한다.

```
# 딥러닝 모델 개발을 위한 라이브러리 로드
from tensorflow import keras
import numpy as np

# 데이터 로드
dataset = keras.datasets.mnist
(train_X, train_Y), (test_X, test_Y) = dataset.load_data()

# 데이터 전처리
train_X, test_X = train_X/255, test_X/255
```

2 데이터가 준비되었으니, 딥러닝 모델을 준비할 차례이다. 본 실습에서는 그림 8.13와 같은 형태의 인공신경망을 개발할 예정이다. 28×28 크기의 MNIST 데이터를 784개의 노드를 가진 입력층으로 펼친(Flattening) 뒤, 각각 1,024, 512개의 노드를 가진 은닉층을 순차적으로 통과시켜, 최종 출력층에는 10개의 숫자를 가진 Score 벡터가 만들어지도록 한다.

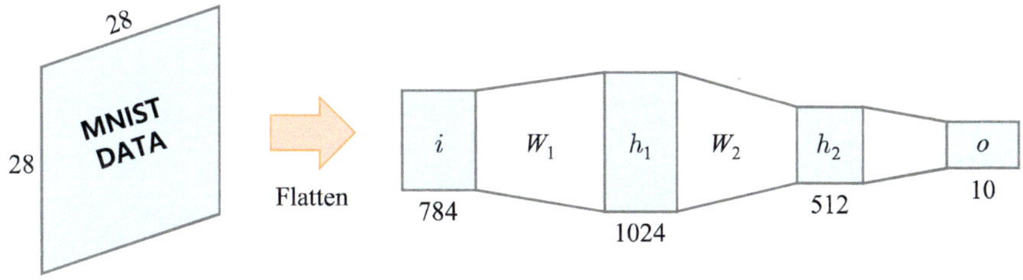

그림 8.13 실습을 통해 개발할 인공신경망의 아키텍쳐

이를 위해 Keras의 순차(Sequential) 모델을 활용할 수 있다. 순차 모델을 이용할 경우, 다양한 레이어를 추가하는 'add()' 메소드를 이용해 순서대로 딥러닝 아키텍쳐를 손쉽게 만들 수 있다. Keras를 이용해 모든 딥러닝 모델 개발할 경우, 첫 번째 나타날 레이어에는 꼭 'input_shape' 인자를 포함해야만 한다. 평탄화 레이어(Flatten Layer)는 주로 이전 레이어로부터 얻은 매트릭스 형태의 출력값을 벡터로 표현하기위해 사용되므로, 별다른 인자를 입력할 필요는 없다. 하지만 본 실습에서 활용한 평탄화 레이어는 딥러닝 모델의 가장 첫 레이어이므로, 'input_shape = (28, 28)'의 인자를 포함하고 있다.

딥러닝 라이브러리인 Keras에서는 자주 사용하는 다양한 레이어들을 미리 구현해놓았다. 따라서 우리는 마치 레고를 조립하듯이 미리 정의된 레이어를 활용하기만 하면 된다. 가장 일반적인 신경망의 레이어는 'Dense'로 표현되고, 'Dense' 층의 노드 수는 첫 번째 인자에 적어 원하는 아키텍쳐를 구현한다.

```
# 딥러닝 모델 정의
model = keras.Sequential()
model.add(keras.layers.Flatten(input_shape=(28,28)))
model.add(keras.layers.Dense(1024))
model.add(keras.layers.Dense(512))
model.add(keras.layers.Dense(10, activation='softmax'))
```

3 모델을 정의하였다면 컴퓨터가 모델을 학습할 수 있는 형태로 컴파일(Compile) 해주어야 한다. 컴파일 과정에서는 어떤 최적화 방법을 활용할 것인지에 대한 인자(optimizer='sgd'), 어떤 손실을 사용할 것인지에 대한 인자(loss='sparse_categorical_crossentropy'), 어떤 인덱스를 통해 모델의 성능을 확인할 것인지를 파악할 수 있는 정보(metrics=['accuracy'])를 필수적으로 포함해야 한다. 이는 역전파 과정을 생각해보면 쉽게 유추할 수 있다.

확률적 경사하강법(Stochastic Gradient Descent, SGD)이란 이전 챕터에서 학습했던 가장 기본적인 경사하강법과 동일한 방법으로 수행되는 최적화를 말한다. 손실로는 범주형 교차 엔트로피(Categorical Cross Entropy)를 사용하는데, 이는 다중 클래스 후보군을 가진 분류 문제의 손실 계산에 있어, 교차 엔트로피(Cross Entropy, CE) 손실을 활용하는 방식이다. 일반적인 범주형 교차 엔트로피 사용에 있어서, 라벨 데이터($\hat{y}$)의 형식을 원-핫 벡터(One-Hot Vector)의 형태로 변환시켜야 하는데, MNIST의 라벨 데이터(코딩 내 train_Y 변수)는 해당되는 라벨의 번호가 정수로 정의되어 있다. 희소 범주형 교차 엔트로피(Sparse Categorical Cross Entropy) 손실의 계산에서는 MNIST 데이터처럼 데이터 셋의 라벨이 정수인 Class 번호로 정의되었을 때, 범주형 교차 엔트로피 손실을 구할 수 있게 해준다. 'model.summary()' 모듈은 컴파일한 모델을 한눈에 볼 수 있도록 만들어주는 명령어이다.

```
# 딥러닝 모델 컴파일
model.compile(optimizer='sgd',
              loss='sparse_categorical_crossentropy',
              metrics=['accuracy'])
model.summary()
```

4 'model.fit()' 모듈은 딥러닝 모델의 학습을 수행할 수 있게 만들어주는 명령어이다. 여기서는 첫 번째, 두 번째 인자는 꼭 학습 X 데이터와 Y 라벨 데이터를 차례대로 입력해주어야 한다. 학습 데이터를 가지고 학습을 몇 번 반복할 것인가는 'epochs' 인자로 표현할 수 있다. 또한, 학습 데이터만을 가지고 검증(Validation)을 수행할 수 있도록 모듈을 제공하고 있는데, 'validation_ split' 인자를 어떻게 정의하는지에 따라 학습 데이터의 일정 비율을 검증(Validation)[2)]에 사용한다. 여기서

는 학습 데이터의 20%, 12,000개의 데이터를 검증으로 활용하도록 하였다. 에폭(Epoch)과 검증에 대해서는 Part 2의 첫 챕터에서 상세히 설명할 예정이다.

```
# 딥러닝 모델 학습
model.fit(train_X, train_Y, epochs = 5, validation_split = 0.2)
```

```
Console Output:
Epoch 1/5
1500/1500 [==============================] - 7s 5ms/step - loss: 0.4720
- accuracy: 0.8727 - val_loss: 0.3217 - val_accuracy: 0.9097
Epoch 2/5
1500/1500 [==============================] - 7s 4ms/step - loss: 0.3266
- accuracy: 0.9070 - val_loss: 0.3010 - val_accuracy: 0.9173
Epoch 3/5
1500/1500 [==============================] - 6s 4ms/step - loss: 0.3065
- accuracy: 0.9135 - val_loss: 0.2843 - val_accuracy: 0.9200
Epoch 4/5
1500/1500 [==============================] - 6s 4ms/step - loss: 0.2960
- accuracy: 0.9165 - val_loss: 0.2815 - val_accuracy: 0.9219
Epoch 5/5
1500/1500 [==============================] - 6s 4ms/step - loss: 0.2884
- accuracy: 0.9187 - val_loss: 0.2809 - val_accuracy: 0.9236
```

5 'model.evaluate()' 모듈은 학습된 모델의 검증을 수행할 수 있게 만들어주는 명령어이다. 여기서는 첫 번째, 두 번째 인자는 꼭 검증 X 데이터와 Y 라벨 데이터를 차례대로 입력해주어야 한다. 리턴해주는 결과값의 첫 번째는 검증 데이터 셋으로 계산한 손실이며, 두 번째는 앞서 **3**의 과정에서 선정했던 정확도(Accuracy)를 받아올 수 있다.

```
# 딥러닝 모델 검증
test_loss, test_accuracy = model.evaluate(test_X, test_Y)

print('test_loss = %.2f' %test_loss)
print('test_accuracy = %.2f' %test_accuracy)
```

2) 본 책에서는 Validation을 밸리데이션, Test는 검증으로 명명하였다.

```
Console Output:
test_loss = 0.35
test_accuracy = 0.90
```

6 'model.predict()' 모듈을 이용해, 학습된 모델로 이미지를 실제 예측해볼 수 있다. 해당 코딩에서는 MNIST 검증 데이터 셋 중 가장 첫 번째 데이터 하나를 선택했으며, 어떤 숫자인지 확인하기 위해 Matplotlib 라이브러리의 'imshow()' 모듈을 활용하였다. 'model.predict()' 모듈을 통해 얻은 결과는 리스트로 나타나며, 리스트의 각 숫자들은 10개 클래스들의 평가 함수를 소프트맥스 함수를 이용해 확률값으로 바꾼 값을 의미한다. 결과 확인을 통해 모든 숫자를 살펴볼 수 있으며, 리스트의 8번째 요소값이 가장 크므로, 학습된 모델이 데이터의 클래스를 분류한 결과는 7로 나타남을 알 수 있다.

```
# 이미지 출력을 위한 라이브러리 로드
import matplotlib.pyplot as plt

# 예측 이미지 선정 및 plot
target_image = test_X[0]
plt.imshow(target_image)
plt.show()

# 딥러닝 모델 이미지 분류 수행
pred = model.predict(target_image.reshape(1, 28, 28))
print(pred)
print('예측 결과, 그림은 %d 로 예측되었습니다.' % np.argmax(pred))
```

```
Console Output:
```

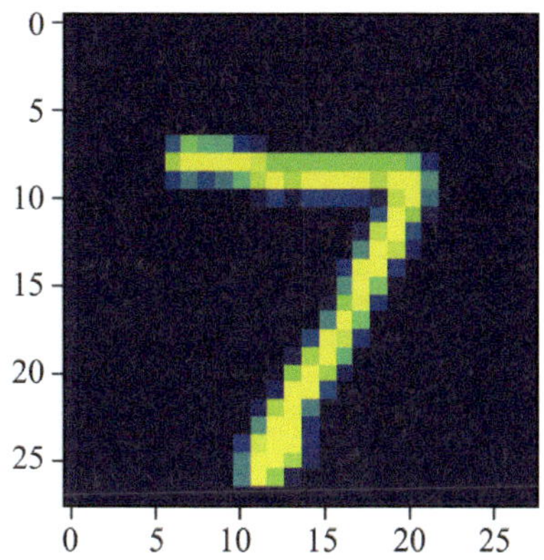

```
[[2.1828337e-05 7.0312584e-10 4.4357086e-05 3.4095184e-03
  2.9549594e-07 1.2660191e-05 9.3652130e-10 9.9625337e-01
  7.0577221e-06 2.5094888e-04]]
```

예측 결과, 그림은 7 로 예측되었습니다.

아래의 코드는 본 분석을 수행하기 위한 전 과정의 코드를 보여준다.

Chapter8_neural_network_with_keras.ipynb

```
# 라이브러리 로드
from tensorflow import keras
import numpy as np
import matplotlib.pyplot as plt

# 데이터 로드
dataset = keras.datasets.mnist
(train_X, train_Y), (test_X, test_Y) = dataset.load_data()

# 데이터 전처리
train_X, test_X = train_X/255, test_X/255

# 딥러닝 모델 정의
model = keras.Sequential()
```

```
model.add(keras.layers.Flatten(input_shape=(28,28)))
model.add(keras.layers.Dense(1024))
model.add(keras.layers.Dense(512))
model.add(keras.layers.Dense(10, activation='softmax'))

# 딥러닝 모델 컴파일
model.compile(optimizer= 'sgd', loss='sparse_categorical_crossentropy',
metrics=['accuracy'])
model.summary()

# 딥러닝 모델 학습
model.fit(train_X, train_Y, epochs = 5, validation_split = 0.2)

# 딥러닝 모델 검증
test_loss, test_accuracy = model.evaluate(test_X, test_Y)

print('test_loss = %.2f' %test_loss)
print('test_accuracy = %.2f' %test_accuracy)

## 딥러닝 모델 예측
# 예측 이미지 선정 및 plot
target_image = test_X[0]
plt.imshow(target_image)
plt.show()

# 딥러닝 모델 이미지 분류 수행
pred = model.predict(target_image.reshape(1, 28, 28))
print(pred)
print('예측 결과, 그림은 %d 로 예측되었습니다.' % np.argmax(pred))
```

PART 2

Development of Deep Learning Model

DEEP LEARNING

CHAPTER 09

활성화 함수

9.1 하이퍼파라미터

하이퍼파라미터(Hyperparameter)란 딥러닝 네트워크를 학습하기 위해 분석자가 인위적으로 조절할 수 있는 파라미터(Parameter)를 말하며, 하이퍼파라미터가 변함에 따라서 우리가 학습하고자하는 네트워크의 성능이 변화하게 된다. 따라서, 적절한 하이퍼파라미터의 선정은 딥러닝 모델의 학습 성패를 결정하는 중요한 요소가 된다. 적절한 하이퍼파라미터를 선정하기 위해선 딥러닝에서 사용하는 하이퍼파라미터의 종류들과 그 특성들을 파악할 필요가 있다. Part 2에서는 이러한 하이퍼파라미터들의 종류와 그 특성에 대해서 주로 다루도록 할 예정이며, 하이퍼파라미터를 변화시켜 가며 모델이 가장 좋은 성능을 보일 수 있는 최적의 하이퍼파라미터를 찾아나가는 미세조정(Fine-Tuning) 과정에 대해서도 학습해보고자 한다. 본 챕터에서는 가장 먼저 활성화 함수(Activation Function)에 대해서 이야기 해보도록 한다.

9.2 활성화 함수

Part 1에서는 딥러닝의 다양한 기초적인 이론을 학습하였다. 특히 챕터 8에서는 딥러닝의 기초가 되는 인공신경망의 이론과 실습을 진행하였다. 앞서 이야기 했듯이, 인공신경망은 퍼셉트론의 원리를 따르고 있으며, 다층의 퍼셉트론을 말하는 MLP와 인공신경망의 가장 큰 차이점은 활성화 함수의 유무이다.

활성화 함수의 역할은 뉴런을 통해 계산된 출력값을 다음 뉴런의 입력값으로 전달하는데 있다. 출력값을 다음 뉴런에 전달함에 있어, 이미 정의된 임의의 함수인 활성화 함수를 이용하여 출력값을 변환하여 전달한다. 이러한 과정을 통해 비선형 문제를 해결할 수 있는 모델로 전환되게 된다. 이를 일반화시켜 생각해본다면, 파라미터(가중치)로 정의된 층과 이미 정의된 함수로 만들어진 층이 연결된 다층 구조로 해석할 수 있게 된다. 이에 따라 딥러닝 모델이 해결할 수 있는 문제의 복잡성이 더욱 커질 수 있게 만들어진다. 이러한 원리는 챕터 8에서 언급한 바와 같이 MLP가 다층 구조를 이용하게 됨에 따라 풀 수 있는 문제의 한계를 해결한 것과 동일하게 이해할 수 있다.

또한 미리 정의된 활성화 함수를 네트워크에 더하여 사용함에 따라 딥러닝 모델의 정방향 계산과정(Forward Pass) 연산에 따라 나타나는 출력(Output)의 형태를 우리가 예상할 수 있는 형태로 정의할 수 있게 된다. 이는 딥러닝 모델이 가질 수 있는 분석의 자유도를 낮출 수 있지만, 분석자가 모델이 갖춰야 하는 목표에 대한 의도를 인위적으로 모델에 추가할 수 있다는 점에서 장점이라고 볼 수 있다.

예를 들어, 챕터 8에서 사용한 실습의 한 부분을 확인해보자. 딥러닝 모델을 정의하기 위하여 Keras의 순차(Sequential) 모델을 이용하고 있는데, 여기서 맨 마지막 출력층을 확인해보면 Keras의 밀집층(Dense Layer)의 활성화 함수가 'softmax'로 정의되어 있음을 확인할 수 있다. 이를 해석하자면, 마지막 출력층을 통해 계산된 평가 점수값에 소프트맥스 함수를 활성화 함수로써 이용하고, 계산된 평가 점수값을 소프트맥스 함수의 결과값으로 변환하여 다음 층에 전달하라는 말을 의미한다(물론 본 예에서 해당 층은 출력층이기 때문에 전달할 층은 존재하지 않고, 역전파(Backpropagation)로 이어지게 된다.).

```
# 딥러닝 모델 정의
model = keras.Sequential()
model.add(keras.layers.Flatten(input_shape=(28,28)))
model.add(keras.layers.Dense(1024))
model.add(keras.layers.Dense(512))
model.add(keras.layers.Dense(10, activation='softmax'))
```

앞선 챕터에서 손실함수에 대해 서술할 때, 문제 정의에 따라서 손실함수가 변하게 된다고 이야기한 바 있다. 여기서 손실함수는 학습의 목표를 정의함에 있어 가장 중요한 부분이며, 손실을 어떻게 정의하느냐에 따라 학습의 방향이 결정되게 된다. 즉, 소프트맥스 함수를 통해 계산된 값을 최종 손실을 계산하기 위한 마지막 출력값으로 계산하여 이용한다는 의미는, 분석자가 딥러닝 모델로부터 계산된 출력값을 $[-\infty \sim \infty]$를 범위를 따르는 평가 함수가 아닌 $[0 \sim 1]$의 범위를 따르는 확률값으로 치환하여 사용하겠다는 의도를 보여주는 것이다.

9.3 다양한 활성화 함수의 장단점

이번에는 딥러닝 개발에 자주 사용되는 활성화 함수에 대해서 이야기해보도록 하자. 인공신경망이 개발되었을 당시 가장 많이 사용되었던 활성화 함수는 바로 시그모이드(Sigmoid) 함수이다. 시그모이드 함수는 식 9.1과 같이 정의되며, 그림 9.1과 같이 그려진다.

$$f(x) = 1/(1+e^{-x}) \qquad \text{(식 9.1)}$$

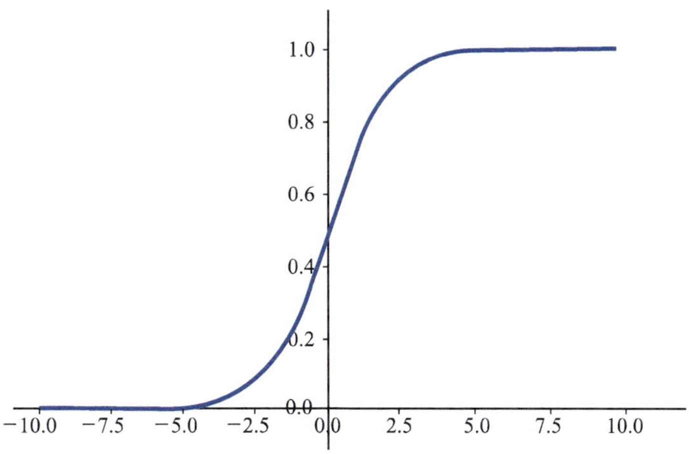

그림 9.1 시그모이드 함수

식 9.1과 그림 9.1을 통해 알 수 있듯이, 모델에 어떤 입력값(x)이 사용되더라도 출력값을 $[0 \sim 1]$을 따르는 값으로 만들게 된다. 즉, 해당 레이어를 통해 계산된 값이 음수일 경우, 다음 레이어에 이를 전달하지 않겠다는 의미를 보이고 있는 것이다. 실제 뇌 속 뉴런의 생물학적 동작에서도, 임의의 뉴런이 다음 뉴런들에 자극을 전달하기 위해서는 일정 수준 이상의 역치값을 넘어야 하는데, 시그모이드 함수가 이러한 과정을 적절히 모방하고 있다.

하지만, 시그모이드 함수가 사용될 때의 딥러닝 모델의 역전파 과정을 생각할 때, 시그모이드는 몇 가지 단점을 가지게 된다. 가장 먼저 기울기(Gradient)를 0으로 만들게 된다는 포화(Saturation) 문제를 가진다. 이를 그림 9.1과 9.2를 통해서 이해해보자. 시그모이드 함수를 이용할 때, 딥러닝 모델의 정방향 계산과정과 역전파는 그림 9.2와 같이 정의될 수 있다. 이 때, 그림 9.2에서 본 것과 같이, 시그모이드 함수의 변화율 ($\frac{\partial L}{\partial \sigma}$)을 계산하여 역전파 과정이 수행된다. 여기서, 그림 9.1을 주목할 필요가 있다. 만약 x의 값이 -10보다 작거나, 10보다 클 경우에는 시그모이드 함수의 변화율이 0으로 정의될 것이다. 해당 변화율은 연쇄 법칙(Chain Rule)을 이용해 계산되기 때문에, 변화율이 0이 된다면, 가중치 W를 업데이트 시키기 위한 ∇W가 0이 될 수 밖에 없다. 다시말해 학습이 진행되지 않게 될 우려가 존재한다. 이러한 문제를 포화 문제라고 이야기 하는데, 딥러닝 모델의 활성화 함수를 정의할 때에는 이러한 포화 문제를 해소할 수 있는 방법을 찾을 필요가 있다.

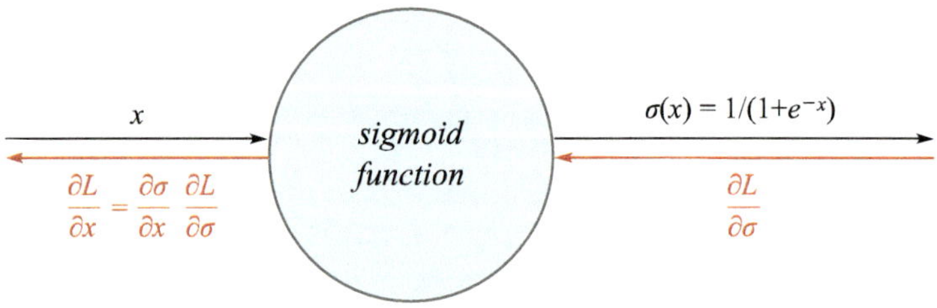

그림 9.2 시그모이드 함수의 역전파 과정 1

시그모이드 함수가 가지고 있는 두 번째 문제는 출력 데이터가 0을 중심으로 대칭되지 않은(Non-Sero-Centered) 데이터를 생성한다는 문제이다. 그림 9.1을 통해서 확인할 수 있듯이, 시그모이드 함수의 출력값은 양수만을 출력하게 된다. 이렇게 양수만 출력하게 되면 나타날 수 있는 문제에 대해서 그림 9.3을 통해 확인해보자.

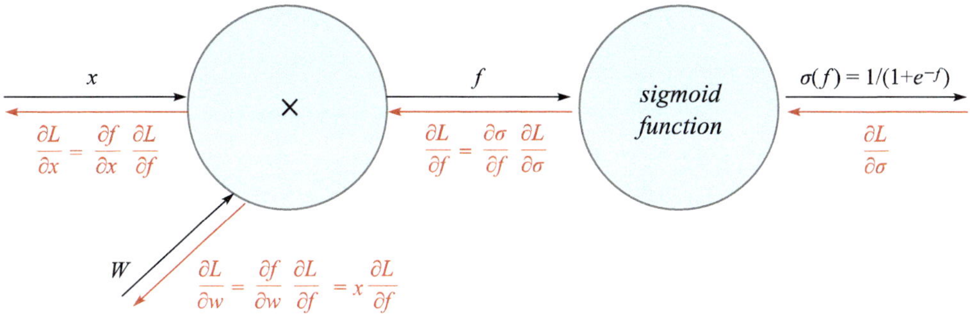

그림 9.3 시그모이드 함수의 역전파 과정 2

그림 9.3에서 확인할 수 있듯이, ∇W 는 식 9.2와 같이 정의되게 된다. 식 9.2를 그래프에서 그려본다고 가정한다면, 기울기를 뜻하는 x가 양수이므로 해당 그래프는 그림 9.4의 녹색 부분에 위치한 제1, 3사분면으로만 향하게 되는 벡터로 그려지게 된다. 이는 ∇W 벡터의 방향 성분이 특정 방향으로만 정의되게 됨을 의미한다. 만약 그림 9.4에서 보는 것과 같이, 최적 기울기(Gradient) 벡터가 파란색 성분과 같이 제4사분면에 그려진다고 가정할 때, 제4사분면의 방향으로 가중치를 업데이트 하면 가장 효율적으로 학습될 수 있을 것이다. 하지만 ∇W 는 제1, 3 사분면의 방향으로만 정의되므로, 붉은색으로 표현된 것과 상당히 많은 숫자의 업데이트가 필요하게 된다. 이는 딥러닝 학습을 비효율적으로 만드는 효과를 나타낼 수 있다.

$$\nabla W = x \frac{\partial L}{\partial f} \quad \text{(식 9.2)}$$

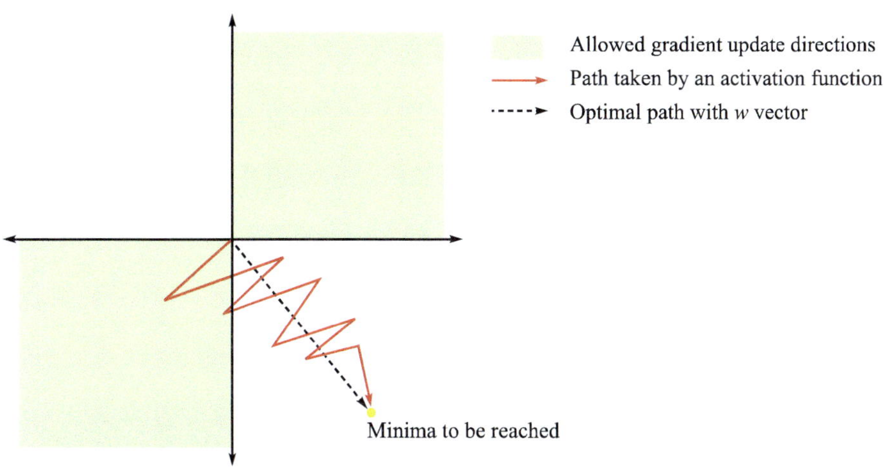

그림 9.4 Non-Zero-Centered 문제의 원인[1]

마지막으로 시그모이드는 그 계산을 위해 지수(Exponential) 함수를 이용하게 된다. 딥러닝 모델은 컴퓨터의 계산을 통해 학습되게 되는데, 지수 함수를 이용한다는 것은 상대적으로 많은 계산량을 요구하게 된다. 즉, 시그모이드 함수를 활성화 함수로 이용하게 된다면 다른 활성화 함수를 사용할 때보다 상대적으로 더 많은 계산이 필요하게 된다는 단점이 있다.

두 번째로 활성화 함수로 많이 사용되는 쌍곡 탄젠트(tanh) 함수를 알아보자. tanh 함수는 식 9.3과 같이 표현되며, 이를 그래프로 표현하면 그림 9.5와 같다. tanh 함수를 시그모이드 함수와 비교한다면, 입력값이 변할 때 마다 출력값이 0이 중심이 되어(Zero-Centered) 나타나게 된다는 장점을 가지고 있다. 하지만 그림 9.5에서 볼 수 있듯이 기울기 포화(Gradient Saturation) 문제는 여전히 존재함을 확인할 수 있다.

$$f(x) = \tanh(x) \quad \text{(식 9.3)}$$

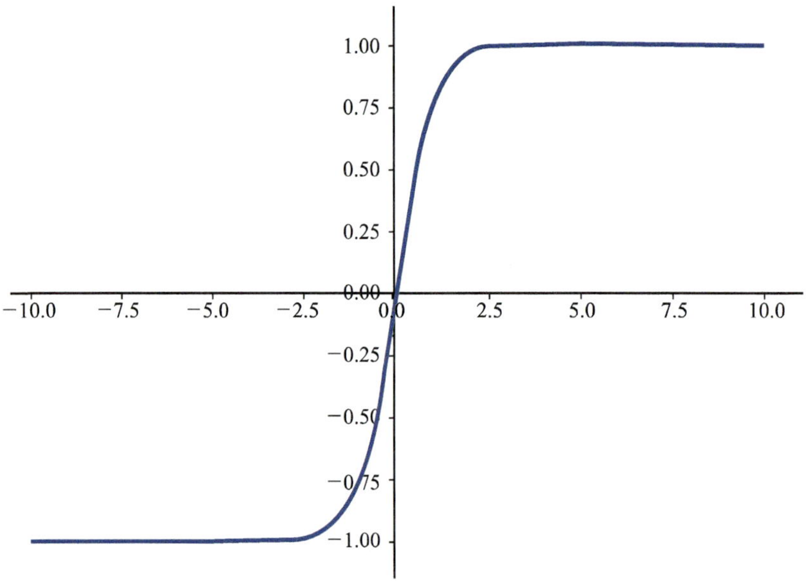

그림 9.5 쌍곡 탄젠트 함수

세 번째로 최근 딥러닝 개발에서 가장 많이 사용되는 활성화 함수인 ReLU (Rectified Linear Unit)[2] 함수에 대해 알아보자. ReLU 함수는 식 9.4와 같이 표현되며, 이를 그래프로 표현하면 그림 9.6과 같다. ReLU 함수를 시그모이드 함수와 비교해 보자면,

양의 영역에서는 포화 문제를 해결할 수 있다는 장점이 있다. 하지만 음의 영역에서는 여전히 포화 문제가 존재한다. 또한, 출력값이 양수로만 나타나기 때문에, 시그모이드에서 나타났던 Non-Zero-Centered 문제가 여전히 존재하고 있다. 이러한 단점이 여전히 존재함에도 불구하고, ReLU 함수를 딥러닝 모델에 활용할 경우, 시그모이드 및 tanh 함수를 사용한 딥러닝 모델에 비해서 최적 가중치 W^*를 찾는 속도가 6배 빠른 것이 증명된 바 있다. 이에 따라 현재까지 개발된 다수의 딥러닝 모델은 ReLU 혹은 ReLU를 기반으로 하는 함수를 활성화 함수로 이용하고 있는 추세이다.

$$f(x) = \max(0, x) \tag{식 9.4}$$

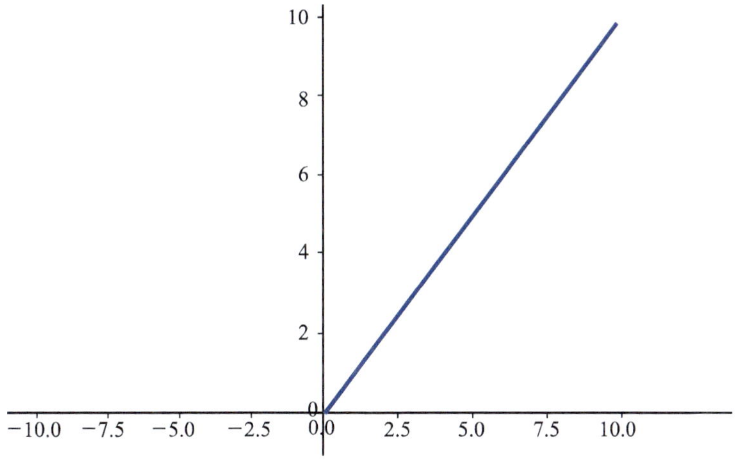

그림 9.6 ReLU 함수

또한, ReLU의 포화 문제와 출력값의 Non-Zero-Centered 문제를 해결하기 위해 개발된 활성화 함수로 Leaky ReLU 함수[3]가 존재한다. Leaky ReLU 함수는 식 9.5 및 그림 9.7과 같이 정의 되며, 음의 영역에서 상수값 0이 아닌 $0.01x$를 사용하여 두 가지 문제를 해결하도록 하였다. 음의 영역에서도 선형 방정식(Linear Eqauation)을 활용하고 있기 때문에 Leaky ReLU도 ReLU 에서처럼 여전히 빠른 속도를 보여준다.

$$f(x) = \max(0.01x, x) \tag{식 9.5}$$

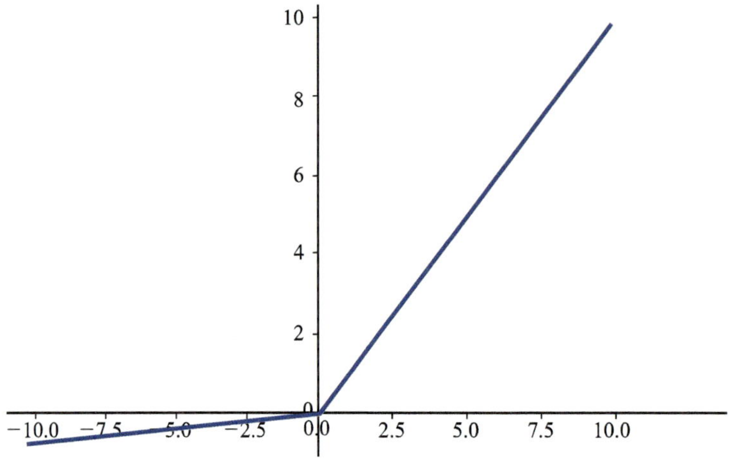

그림 9.7 Leaky ReLU 함수

Leaky ReLU 외에도, ReLU를 기반한 활성화 함수로 Parametric ReLU (PReLU)[4], Maxout[5] 등이 존재한다. PReLU와 Maxout은 각각 식 9.6, 9.7로 정의할 수 있다. 이러한 활성화 함수들은 활성화 함수 자체에 파라미터를 활용하여 딥러닝 분석에 알맞은 최적의 활성화를 찾도록 구성되어 있다는 특징이 있다. 이러한 방법론들은 ReLU처럼 선형 함수로 이루어져 있어 역전파 과정 내 변화율 계산의 계산 속도에는 크게 영향을 주지는 않으나, 딥러닝 모델 내 학습해야 할 파라미터가 늘어나도록 구성되기 때문에 결과적으로 딥러닝 모델 학습 속도에 악영향을 줄 수 있는 가능성이 있다.

$$f(x) = \max(\alpha x, x) \quad \text{(식 9.6)}$$

$$f(x) = \max(w_1 x + b_1, w_2 x + b_2) \quad \text{(식 9.7)}$$

Keras 프레임워크를 이용할 때에는 다음과 같은 코드를 활용하여 활성화 함수를 이용할 수 있다.

Activation Function in Code

```
# Sigmoid Activation Function
act = keras.activations.sigmoid(x)
layer = keras.layers.Dense(10, activation=act)
```

```
# tanh Activation Function
keras.activations.tanh(x)
layer = keras.layers.Dense(10, activation=act)
```

```
# ReLU Activation Function
keras.activations.relu(x, alpha=0.0)
layer = keras.layers.Dense(10, activation=act)
```

```
# LeakyReLU Activation Function
keras.layers.LeakyReLU(alpha=0.3)
layer = keras.layers.Dense(10, activation=act)
```

```
# ELU Activation Function
keras.activations.elu(x, alpha=1.0)
layer = keras.layers.Dense(10, activation=act)
```

```
# PReLU Activation Function
keras.layers.PReLU(alpha_initializer="zeros", alpha_regularizer=None,
alpha_constraint=None, shared_axes=None)
layer = keras.layers.Dense(10, activation=act)
```

CHAPTER 10

최적화 기법

10.1 경사하강법

앞선 Part 1의 챕터 7에서는 역전파에 대해서 이야기하며, 경사하강법을 통한 최적화 기법에 대해서 학습한 바 있다. 여기서 경사하강법은 딥러닝 모델을 학습하기 위해 사용될 수 있는 최적화 기법(Optimizer)들 중 가장 대표적인 방법이며, 그 외에도 딥러닝 모델 학습에는 다양한 최적화가 사용되고 있다. 하이퍼파라미터(Hyperparameter) 조정의 측면에서 볼 때, 어떤 최적화를 사용하느냐에 따라서도 딥러닝 모델의 학습 성과는 달라지게 된다. 앞선 챕터 7에서는 본 챕터에서는 다양한 최적화 기법(Optimizer)의 종류 및 최적화별 장단점 등에 대해서 학습해보고자 한다.

일반적으로 최적화는 목적 함수를 충족할 수 있도록 특정 파라미터를 변화시키도록 한다. 딥러닝 모델의 학습에서는 정의된 손실함수로부터 계산된 손실을 최소화할 수 있는 방향으로 가중치를 최적화해가도록 목적함수가 정의되어 있으며, 이를 통해 딥러닝 모델이 높은 정확도를 낼 수 있도록 한다.

경사하강법에서의 최적화는 현재 지점의 접선의 변화율을 계산하고 변화율이 향하고 있는 방향으로 가중치를 변화시켜 목적함수를 충족시키는 방법을 택한다. 이를 사용해 손실이 최소화 되는 방향으로 가중치 업데이트 값을 계산하는 공식을 식 10.1과 같이 표현할 수 있고, 이러한 W_t의 변화율을 활용해 식 10.2와 같이 업데이트된 가중치인 W_{t+1}을 도출해낸다. 여기서, W_t는 t시점의 가중치, ∇W_t는 가중치의 변화율, γ는 학습률(Learning Rate)을 의미한다.

$$\nabla W_t = \gamma \frac{\partial L}{\partial W_t} \quad \text{(식 10.1)}$$

$$W_{t+1} = W_t - \nabla W_t \quad \text{(식 10.2)}$$

여기서 학습률 γ는 현 지점에서 변화율 ∇W를 어느 정도 수준으로 적용할지 결정하는 요소로써 활용된다. 앞서 챕터 7에서 서술했던 눈을 가린 청년이 산 정상에서 하산하는 방식을 다시 떠올려보자. 만약 청년이 키가 100m 정도 되는 큰 거인이라고 가정해본다면 청년은 몇 걸음 걷지 않아도 빠르게 산 정상에서 하산할 수 있을 것이다. 반대로 청년이 키가 10cm 밖에 되지 않는 소인이라고 가정해본다면 산 정상에서 하산하기 위해서 상당한 시간이 걸릴 것이라고 예상할 수 있다. 이런 차원에서 학습률을 스텝 크기(Step Size)라고 부르기도 한다. 다시 딥러닝 모델의 최적화 과정으로 적용해 생각해보자면, 최적화를 수행할 때, 학습률의 크기가 크면 빠르게 수렴할 수 있다. 반대로 학습률의 크기가 작다면 수렴에 걸리는 시간이 더 길어지게 된다.

여기서 그림 10.1, 10.2의 예를 살펴보자. 산에서 잘 하강했다면 현재 위치와 발을 내딛었을 때의 위치가 변화가 없어지게 된다. 키가 큰 청년이 발을 내딛어 가며 하산했다고 가정할 때, 하산을 마무리한 시점을 생각해본다면 그림 10.1에서처럼 실제로는 제대로 하산하지 못했을 우려가 있다. 반면 키가 작은 청년이 하산을 마무리 한 시점을 생각해 본다면, 그림 10.2에서 보는 것처럼 올바르게 하산했을 가능성이 높다.

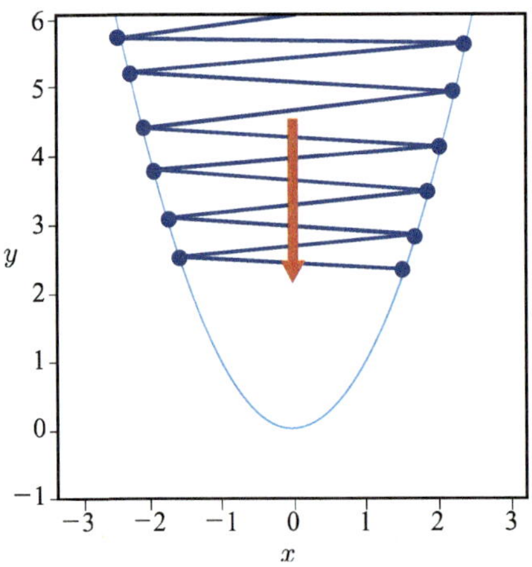

그림 10.1 학습률이 클 경우

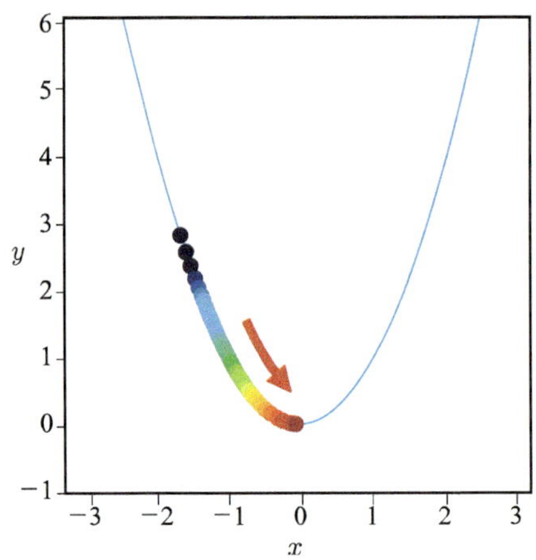

그림 10.2 학습률이 작을 경우

즉, 학습률이 작아지면 수렴에는 시간이 더 걸리는 단점이 있지만, 우리가 찾고자 하는 최적해에는 더욱 빠르게 근접할 수 있는 가능성이 있다. 반면 학습률이 커지면 수렴 시간은 짧아지나 최적해에 상대적으로 근접하지 못할 가능성이 있게 된다. 따라서, 학습률과 딥러닝 모델 정확도 간의 상충 관계, 즉 트레이드 오프(Trade-off) 관계를 고려하여, 딥러닝 모델 학습을 위한 학습률을 신중히 결정해야한다.

10.2 미니 배치 경사하강법

경사하강법은 데이터를 통해 기울기(Gradient)를 계산하고, 계산된 기울기를 활용하여 가중치를 개선해나가는 방법이다. 기울기를 계산하는 과정에서 어떤 데이터를 사용되었는지에 따라 기울기는 변화할 여지가 많다. 이러한 경사하강법을 활용하는 딥러닝에서는 전체 학습 데이터를 모두 한 번에 사용하는지, 일부를 추출하여 사용하는지에 대해서 배치(Batch)라는 표현을 사용하여 구분한다.

전체 데이터 중, 일부의 데이터를 샘플링해 학습에 이용한다고 생각해본다면, 샘플링된 데이터가 학습에 있어서는 배치로 생각될 것이다. 배치라는 같은 용어를 사용하기 때문에 혼동이 될 수 있다. 이를 구분하기 위해서, 일반적으로 모든 데이터를 각 학습 1회(Iteration)에 이용할 경우, 풀 배치(Full-Batch), 전체에서 일부만 샘플링 된 배치를 미니 배치(Mini-Batch)라고 용어를 사용한다. 여기서 미니 배치의 데이터 개수를 배치 크기(Batch Size)로 정의한다.

예를 들어, 그림 10.3과 같이, 1,000개의 학습 데이터로 이루어진 배치가 존재한다고 가정해보자. 1회 학습에 100개의 데이터를 랜덤하게 샘플링해 이용한다면, 매 1회 학습에 이용되는 100개의 데이터가 미니 배치가 되며, 배치 크기는 100이 될 것이다. 여기서 추가적으로 알고 넘어가야 할 것은, 학습의 횟수를 정의하는 용어를 구분해 사용한다는 것이다. 미니 배치가 1회 학습되었다고 표현할 때는 반복횟수 또는 이터레이션(Iteration)으로 표현하며, 그림 10.3에서처럼 학습을 통해 전체 배치를 한 번 학습할 경우, 즉, 10회 학습이 수행될 경우, 1 에폭(Epoch) 학습이 수행되었다고 말한다. 일반적으로 딥러닝 모델 학습에서는 수십~수백 에폭 학습을 수행한다.

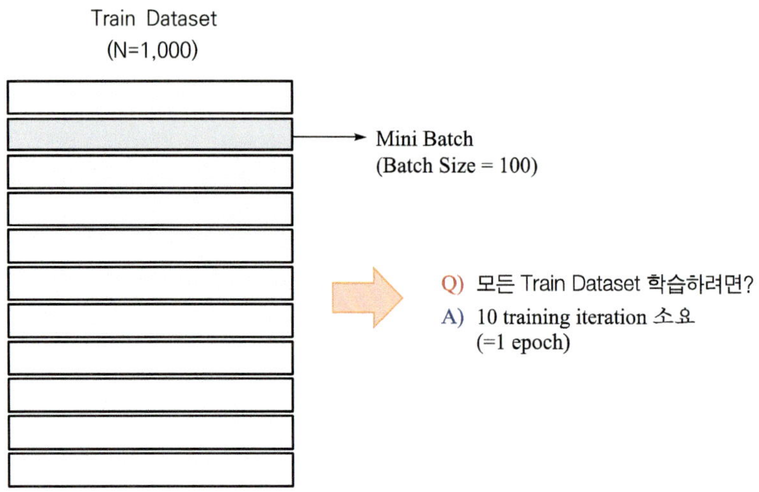

그림 10.3 학습률이 클 경우

먼저, 모든 데이터(Full-Batch)를 한 번에 활용하는 경사하강법인 배치 경사하강법(Batch Gradient Descent, BGD)[1]의 작동을 생각해보자. 풀 배치를 활용해 데이터를 학습한다면, 업데이트해야 하는 이터레이션 횟수가 적어져 빠르게 수렴될 수 있는 가능성이 커진다. 하지만, 각각의 데이터들로부터 계산될 수 있는 다양한 방향성의 기울기들이 하나로 통합되어 적용되므로 기울기의 방향성이 가중치 업데이트의 세밀한 조정이 어려워질 수 있다는 단점이 있다. 또한, BGD는 전체 데이터를 1회의 이터레이션에 이용하기 때문에, 데이터의 숫자가 너무 많을 때는 하드웨어가 그 계산량을 감당할 수 없을 가능성이 있으며, 감당한다고 하더라도 방대한 계산량이 학습속도에 악영향을 줄 수 있다는 한계가 있다.

이러한 문제를 해결하기 위한 방법으로 확률적 경사하강법(Stochastic Gradient Descent, SGD)[1]이 존재한다. SGD는 전체 데이터 중, 하나의 데이터만 추출(Batch Size = 1)하여 학습해나가는 방법이다. 하나의 데이터만 업데이트에 활용하기 때문에, 데이터의 양이 많더라도 학습이 가능하다는 장점이 있으며, 1회 이터레이션 학습에 걸리는 시간이 매우 짧아진다. 또한, 다양한 기울기의 방향성을 모두 고려할 수 있으므로 딥러닝 모델 성능을 최대화 할 수 있는 최적 가중치를 찾는데 더욱 용이하다. 하지만, 1회 에폭 학습에 걸리는 시간이 상대적으로 늘어나게 되며, 1회 이터레이션에 데이터를 한 개씩만 처리하기 때문에, 하드웨어의 유휴자원이 많아져 비효율적이라는 문제가 있다. 그림 10.4는 SGD와 BGD의 차이를 보여주고 있다.

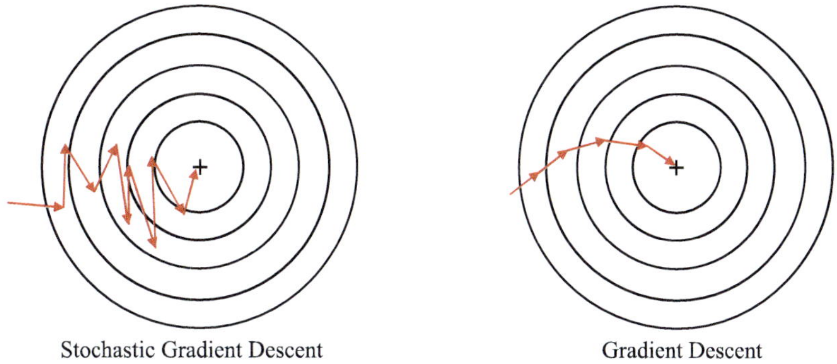

그림 10.4 SGD와 BGD의 Gradient 업데이트 진행 변화 비교

BGD와 SGD를 비교해 생각해본다면, 각각 가지고 있는 장점과 단점이 서로 정반대인 트레이드 오프의 경향을 보이고 있음을 확인할 수 있다. 여기서 배치 크기를 적절히 이용해 도출한 미니 배치를 통해 기울기를 계산하고 활용한다면, 두 기술의 장점을 모두 이용할 수 있게 된다. 이러한 미니 배치를 사용하는 경사하강법을 미니 배치 경사하강법(Mini-Batch Gradient Descent, MGD)[1]라고 부른다. 일반적인 대다수의 딥러닝 모델의 학습에서는 데이터 분석에 적절한 배치 크기를 결정하고, 이에 맞는 미니 배치를 학습에 이용하고 있으며, 이 후 설명할 다양한 최적화 기법들도 모두 미니 배치를 이용하고 있다고 기억하자. 그림 10.5는 SGD, BGD, MGD를 비교한 결과를 보여주고 있다.

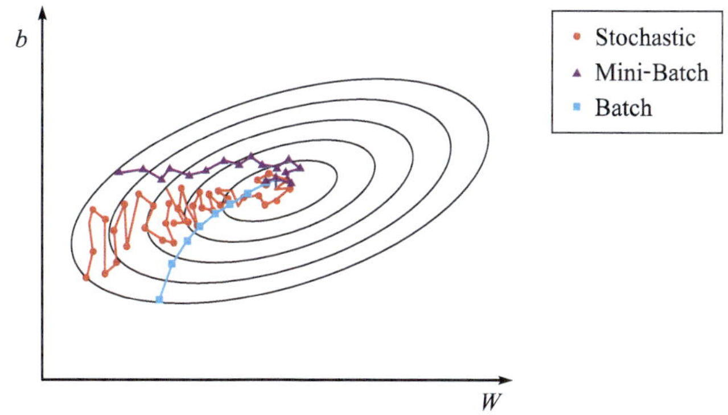

그림 10.5 SGD, BGD, MGD의 Gradient 업데이트 진행 변화 비교

10.3 다양한 최적화 기법의 장단점

앞서 경사하강법을 기반으로 하는 BGD, SGD, MGD 등의 최적화 기법들을 살펴보았다. 그 외에도, 딥러닝 기술의 개발과 함께 수많은 최적화 기법들이 그림 10.6에서 보는 것 같이 개발되어왔으며, 현재도 활발히 연구되고 있다. 여기서는 딥러닝 모델 학습에 자주 사용되는 몇 가지 최적화 기법들을 심도 있게 소개하고자 한다.

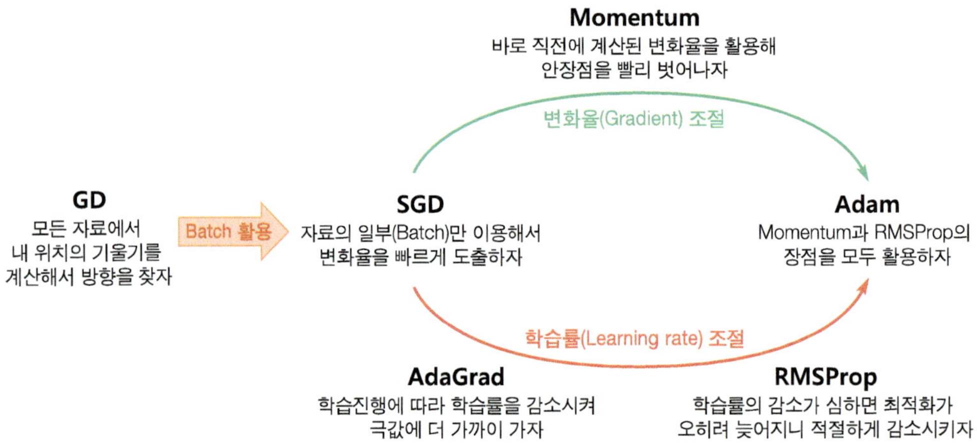

그림 10.6 다양한 Optimizer 종류와 개발 배경

경사하강법을 기반한 최적화 기법들은 결국 기울기가 0이 된 곳으로 수렴하도록 설계되어있다. 이에 따라 최적화가 진행되는 중에 기울기가 0인 안장점이 나타날 경우, 안장점에서 학습이 멈출 우려가 있다. 이를 해결하기 위해서 관성(Momentum)을 활용하는 모멘텀 최적화 기법(Momentum Optimizer)[1]이 존재한다.

관성을 이해하기 위해 그림 10.7의 좌측 그림처럼 2차 함수 곡선에 공을 굴린다고 생각해보자. 곡선에서의 공의 운동은 함수의 최솟값을 향해 갈 것이고, 최솟값에 도달하는 순간, 그림 10.7의 오른쪽과 같이 공의 움직임과 동일한 방향으로 관성이 존재하게 된다. 따라서, 이후에는 오히려 함수값이 커지는 방향으로 움직이게 될 것이다. 즉, 관성을 이용하게 된다면 안장점이 존재하더라도 극점에서 멈추지 않고 최소값을 찾아가도록 도움을 줄 수 있다는 장점이 있다.

또한 관성을 이용하는 모멘텀 방식을 활용하게 되면, 더 빠르게 학습이 가능하다는 장점도 있다. 얻어진 변화율이 바른 방향을 나타내고 있다면, 관성이 더해져 점점 더 빠르게 훈련이 될 수 있도록 도움을 줄 수 있다. 이에 따라, 모멘텀 방식은 경사하강법 보다 조금 더 빠르게 학습되는 편이다.

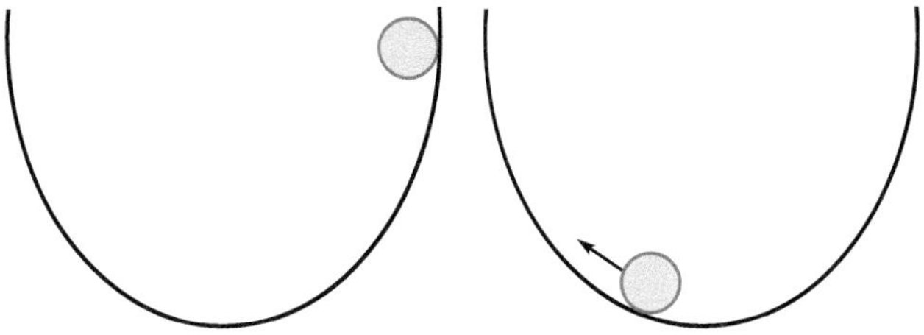

그림 10.7 Momentum Optimizer의 개념

모멘텀 최적화 기법과 경사하강법 최적화 기법(Gradient Descent Optimizer)을 비교해보자면, 기울기 계산에 있어서 모멘텀 최적화 기법은 속도 항을 활용한다. 경사하강법의 식 10.1과 비교했을 때 모멘텀 최적화 기법의 가중치 변화율은 식 10.3처럼 관성을 계산하여 활용한다. 식 10.3에서, t 시점의 관성을 v_t로 정의하며, μ는 모멘텀 상수로, 이전에 계산된 변화율(관성)을 현 시점에 얼마나 많이 적용할 것인가를 나타내고 있다. 모멘텀 최적화 기법에서 활용하는 변화율은 식 10.4와 같이 v_t를 의미하게 된다.

$$v_t = \mu v_{t-1} - \gamma \frac{\partial L}{\partial W_t} \quad \text{(식 10.3)}$$

$$\nabla W_t = v_t \quad \text{(식 10.4)}$$

모멘텀 최적화 기법이 이전에 만들어진 기울기의 관성을 이용하여 안장점을 쉽게 벗어날 수 있게 함과 동시에 빠르게 학습될 수 있도록 만든 방식이라면, AdaGrad 최적화 기법[2]에서 사용하는 방식은 경사하강법에서 학습률 γ 를 적절히 감소시키는 방식을 도입하여 학습 속도를 높이고 업데이트 되는 가중치가 발산하지 않도록 조정하는 방식을 택하고 있다. 학습률 감소를 위해서 식 10.5에서 보는 것과 같이, h 매개변수를 새롭게 이용한다. t 시점의 매개변수 h_t를 만들기 위해 직전 시점 매개변수 h_{t-1}에 각 원소별 합성곱 연산으로 이루어진 $\frac{\partial L}{\partial W_t} \odot \frac{\partial L}{\partial W_t}$을 더해준다. 이렇게 계산된 매개변수 h_t는 식 10.6과 같이 적용되어 가중치의 변화율을 만든다.

$$h_t = h_{t-1} + \frac{\partial L}{\partial W_t} \odot \frac{\partial L}{\partial W_t} \quad \text{(식 10.5)}$$

$$\nabla W_t = \gamma \frac{1}{\sqrt{h_t}} \frac{\partial L}{\partial W_t} \quad \text{(식 10.6)}$$

이러한 AdaGrad 최적화 기법을 이용하게 되면, 학습이 진행됨에 따라 식 10.4에서 볼 수 있는 매개변수 h의 크기가 무한대로 커지게 된다. 이에 따라 경사하강법을 통해 계산된 변화율이 점차 0으로 수렴되게 되어 결국 가중치를 업데이트 시키지 않게 된다는 단점이 있다. 이를 방지하기 위해, 매개변수 적응에 있어 이동평균의 개념을 적용하여 제시한 Root Mean Squared Propagation (RMSProp) 최적화 기법[3]이 존재한다. RMSProp은 딥러닝 모델 학습에서 가장 많이 사용되는 최적화 기법 중 하나이다.

RMSProp 최적화 기법은 AdaGrad 최적화 기법 방식에서 감쇠율(Decaying Factor)을 도입하여 매개변수 h가 무한히 커지는 것을 이동평균 방식을 통해 적절하게 조절하도록 한다. 이를 위해 식 10.7에서 보는 것 같은 공식에서 감쇠율 β를 사용한다. 감쇠율은 RMSProp 최적화 기법의 하이퍼파라미터로써 일반적으로 0.9 보다 크고, 1 보다 작은 값으로 사용하는 경향이 있다. 만약 RMSProp Optimizer에서 감쇠율 β를 0.9로 사용한다고 가정할 때, AdaGrad 매개변수 계산 식(식 10.5)에서 이전 시점의 매개변수 h_{t-1}의 90% 는 남기고, 계산될 $\frac{\partial L}{\partial W_t} \odot \frac{\partial L}{\partial W_t}$은 10% 만 적용하여 매개변수 h_t를 계산하게 된다. 계산된 매개변수를 이용하여 AdaGrad 방식에서 사용했던 식 10.6과 같이 가중치 변화율을 만들어 활용한다.

$$h_t = \beta h_{t-1} + (1-\beta) \frac{\partial L}{\partial W_t} \odot \frac{\partial L}{\partial W_t} \quad \text{(식 10.7)}$$

마지막으로, RMSProp 최적화 기법 만큼이나 자주 사용되는 기법으로 Adam 최적화 기법[4]이 존재한다. Adam 최적화 기법은 모멘텀 최적화 기법이 경사하강법을 개선하기 위해 사용한 아이디어와 AdaGrad 최적화 기법이 학습률을 조절하기 위해 사용한 아이디어, AdaGrad 최적화 기법을 개선하기 위해 RMSProp 최적화 기법에서 도입한 이동평균 개념을 함께 적용한 방식을 활용한다. 이에 따라 세 가지 최적화 기법이 가지고 있는 모든 장점을 모두 활용할 수 있다는 특징이 있다.

Adam 최적화 기법의 가중치 변화율은 식 10.10과 같이 계산된다. 식 10.10의 v_t와

h_t는 식 10.8, 10.9를 통해 각각 계산되는데, v_t의 계산은 모멘텀 최적화 기법과 같이 식 10.3에 이동평균 개념을 도입한 것으로 이해할 수 있으며, h_t는 RMSProp 최적화 기법과 같이 식 10.7과 동일하게 계산할 수 있다.

$$v_t = \beta_1 v_{t-1} + (1-\beta_1)\frac{\partial L}{\partial W_t} \quad \text{(식 10.8)}$$

$$h_t = \beta_2 h_{t-1} + (1-\beta_2)\frac{\partial L}{\partial W_t} \odot \frac{\partial L}{\partial W_t} \quad \text{(식 10.9)}$$

$$\nabla W_t = \gamma \frac{v_t}{\sqrt{h_t}} \frac{\partial L}{\partial W_t} \quad \text{(식 10.10)}$$

Keras 프레임워크를 이용할 때에는 다음과 같은 코드를 활용하여 다양한 최적화 기법들을 활용할 수 있다.

Optimizers in Code

```
# SGD Optimizer
opt = keras.optimizers.SGD(learning_rate=0.01)
model.compile(loss='categorical_crossentropy', optimizer=opt)
```

```
# Momentum Optimizer
opt = keras.optimizers.SGD(learning_rate=0.01, momentum=0.9)
model.compile(loss='categorical_crossentropy', optimizer=opt)
```

```
# Adagrad Optimizer
opt = keras.optimizers.Adagrad(learning_rate=0.001,
initial_accumulator_value=0.1, epsilon=1e-07)
model.compile(loss='categorical_crossentropy', optimizer=opt)
```

```
# RMSProp Optimizer
opt = keras.optimizers.RMSprop(learning_rate=0.001, rho=0.9, momentum=0.0,
epsilon=1e-07)
model.compile(loss='categorical_crossentropy', optimizer=opt)
```

```
# Adam Optimizer
opt = keras.optimizers.Adam(learning_rate=0.001, beta_1=0.9, beta_2=0.999,
epsilon=1e-07)
model.compile(loss='categorical_crossentropy', optimizer=opt)
```

CHAPTER 11

초기화 / 정규화 / 규칙화

11.1 초기화(Initialization)

딥러닝 모델의 학습은 가장 좋은 성능을 발휘할 수 있는 가중치를 찾아내는 방법이라고 이야기한 바 있다. 가중치를 업데이트하기 위해서는 최적화 기술을 사용하여 딥러닝 모델의 손실을 최소화 할 수 있는 ∇W를 찾아내는 과정을 수행한다. 여기서, 가중치 W가 학습의 효과를 높일 수 있는 가중치로 학습 전부터 미리 정의되어 있었다면 많은 횟수의 학습과정 반복을 줄일 수 있는 가능성이 존재한다. 이러한 관점에서, 초기 가중치를 어떻게 선정해야 하는 지도 딥러닝 모델 학습에서 중요한 부분 중 하나이다.

가중치 초기화(Weight Initialization)란 딥러닝 모델을 학습시키기 전, 딥러닝 모델이 가진 초기 가중치를 세팅하는 것을 말한다. 만약 초기의 가중치가 0으로 세팅되었다고 한번 가정해보자. 0으로 세팅된 가중치를 사용하게 된다면, 평가 점수 함수(Score Function)를 통해 계산되는 평가 점수(Score) 벡터의 모든 요소가 당연히 0이 될 것이다. 이를 그림 11.1에서 보는 것처럼 은닉층(Hidden Layer)의 관점에서 다시 이야기해 보자. 은닉층의 노드 값들은 이전 레이어를 통해 계산되었기 때문에 모두 0이 된 상태이다. 즉, 출력층(Output Layer)의 평가 점수뿐 아니라 모든 노드에 위치한 값들이 동일한 0으로 나타난다. 이를 역전파 하여 계산하게 된다면, 가중치가 모두 동일한 요소값들을 가지도록 업데이트 되게 되는데 동일한 값을 가진 가중치는 사실상 모델의 성능 향상에 도움을 줄 수 없다. 즉, 학습이 원활히 진행될 수 없게 되므로 초기 가중치는 0을 사용해선 안된다.

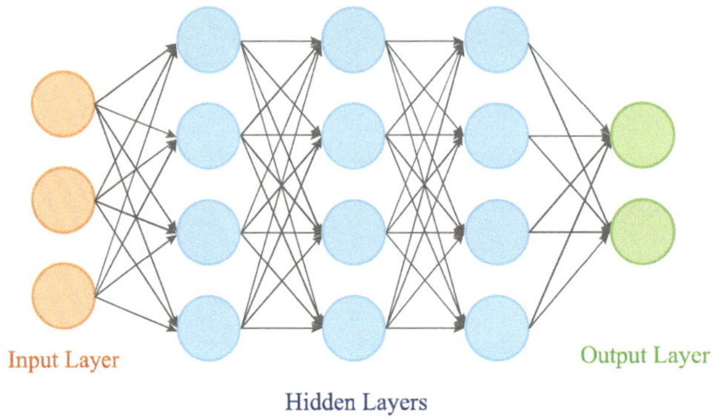

그림 11.1 기본적인 인공신경망의 구조

너무 크거나 작은 가중치의 초기 값을 사용하게 되면 기울기 소실(Vanishing Gradient)의 문제가 생길 수 있다. 기울기 소실 문제란 신경망의 활성화 함수를 통과하며, 도출된 변화율 값이 그 이후 다층의 노드와 활성화 함수들에 의해 계산되게 되는 과정인 연쇄 법칙으로 인해 계속 곱해지는 과정에서 가중치의 변화율이 결국 0이 되어 버리고, 이로 인해 최적화가 되지 않는 문제를 말한다.

그림 11.2와 11.3은 각각 가중치의 초기 값을 작은 값(평균 0.01, 표준편차 1의 가우시안 랜덤 넘버), 높은 값(평균 1, 표준편차 1의 가우시안 랜덤 넘버)으로 세팅한 뒤 역전파 알고리즘을 수행한 뒤의 각 레이어별 가중치의 히스토그램을 나타낸 결과이다. 작은 값의 경우 역전파 알고리즘을 통해 3개의 레이어만 오차를 전파하여도 모든 가중치가 0으로 수렴하는 모습을 보였으며 높은 값의 경우 초기부터 1 혹은 -1에 수렴하는 결과를 보임을 확인할 수 있다[1].

이를 해결하기 위해 Glorot & Bengio (2010)[2]가 Xavier 초기화(Xavier's Initialization) 기법을 개발하고 제안하였다. 그림 11.4는 Xavier 초기화를 사용할 경우의 레이어별 히스토그램의 변화를 나타내고 있으며 이를 통해 볼 수 있듯이 레이어별 역전파가 진행되어도 가중치가 골고루 분포되는 모습을 확인할 수 있다. 즉, 기울기 소실의 문제를 없애줄 수 있다는 특징이 있으므로 기울기 소실의 문제로 올 수 있는 일부 노드의 과적합 문제 역시 해결이 가능하다. 식 11.1은 Xavier 초기화를 정의하고 있다. 여기서 i는 입력 노드의 개수, o는 출력 노드 개수, $W(i,o)$는 $i \times o$ 크기의 가중치 행렬 $\mu = 0$, $\sigma^2 = 1$인 가우시안 랜덤 넘버로 이루어진 $i \times o$ 크기의 임의 행렬을 $gaussian\_random(i,o)$ 라고 정의한다.

$$W(i,o) = \frac{1}{\sqrt{i}} \times gaussian\_random\ (i,o) \qquad \text{(식 11.1)}$$

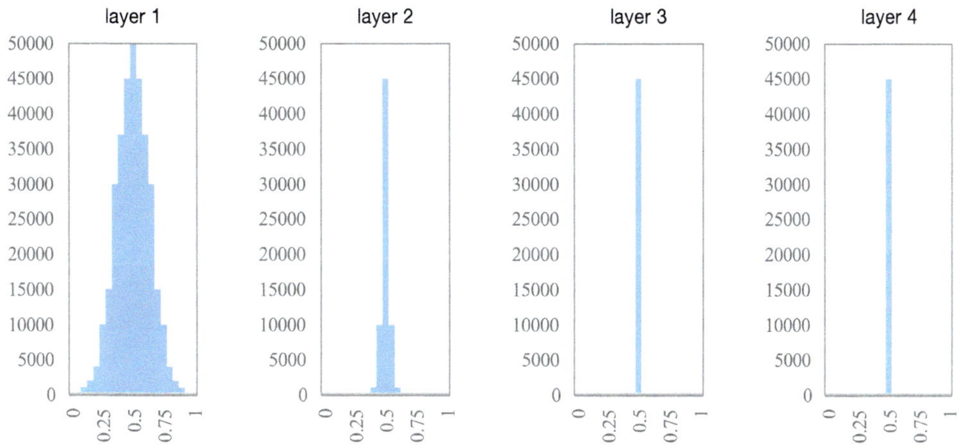

그림 11.2 작은 가중치로 초기 값을 사용할 경우 Layer별 가중치의 히스토그램의 변화[1]

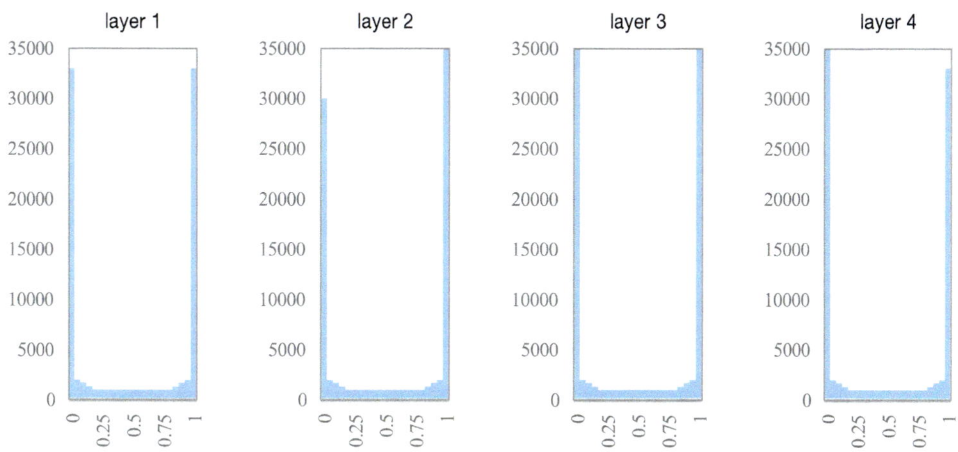

그림 11.3 큰 가중치로 초기 값을 사용할 경우 Layer별 가중치의 히스토그램의 변화[1]

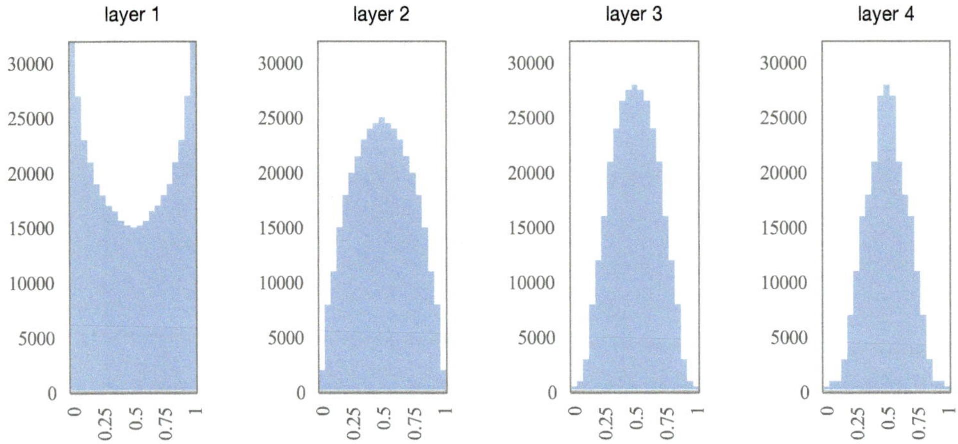

그림 11.4 Xavier's Initialization으로 초기 값을 사용할 경우 Layer별 가중치의 히스토그램의 변화[1]

Xavier 초기화 외, 가장 잘 사용되는 초기화 방법은 He 초기화(He Initialization)[3]이며, 그 외에도 다양한 초기화 방법론들이 존재한다. 특히, 활성화 함수가 tanh 일 경우, Xavier 초기화, ReLU일 경우, He 초기화 방법이 궁합이 맞다고 알려져있다. Keras 프레임워크를 이용할 때에는 다음과 같은 코드를 활용하여 가중치 초기화를 수행할 수 있다.

Initialization in Code

```
# Xavier Normal Initialization
init = keras.initializers.GlorotNormal()
layer = keras.layers.Dense(3, kernel_initializer=init)
loss=('categorical_crossentropy', optimizer=opt)
```

```
# Xavier Uniform Initialization
init = keras.initializers.GlorotUniform()
layer = keras.layers.Dense(3, kernel_initializer=init)
```

```
# He Normal Initialization
init = keras.initializers.HeNormal()
layer = keras.layers.Dense(3, kernel_initializer=init)
```

```
# He Uniform Initialization
init = keras.initializers.HeUniform()
layer = keras.layers.Dense(3, kernel_initializer=init)
```

11.2 정규화(Normalization)

일반적으로 딥러닝 모델의 입력 데이터로 사용되는 데이터들은 다변수 데이터로 이루어지는 경향이 있다. 예를 들어, 표 11.1과 같이 각 교량 별 경간장, 최대 휨모멘트로 구분되는 데이터를 가지고 있다고 가정해보자. 두 변수는 다른 스케일을 지니고 있게 되며, 그 스케일의 차이는 약 10,000배 정도로 나타난다. 정규화(Normalization)는 데이터를 분석자가 알고 있는 특정 스케일을 가진 데이터로 변환시키는 것을 의미한다. 예를 들어 데이터를 $[0, 1]$의 스케일로 변환시키는 최대-최소 정규화를 적용하면 표 11.1의 데이터는 표 11.2와 같이 변화된다.

표 11.1 정규화 적용 전 데이터

Bridge	Length (m)	Moment (kN·m)
A	37	380,000
B	31	278,000
C	25	395,000
D	60	410,000

표 11.2 최대-최소 정규화 적용 후 데이터

Bridge	Length	Moment
A	0.34	0.77
B	0.17	0.00
C	0.00	0.89
D	1.00	1.00

이렇게 큰 스케일을 가지고 있는 데이터와 작은 스케일을 가진 데이터가 함께 딥러닝 모델의 입력 데이터로 함께 들어간다고 생각한다면, 모델은 그 스케일 차이에 대해서 올바르게 인지하지 못할 가능성이 있으며, 이에 따라, 모델 학습에 악영향을 미칠 우려가 있다.

이를 조금 더 자세히 설명하자면, 데이터의 정규화 수행 유무에 따른 차이점은 그림 11.5와 11.6의 차이를 통해 이해할 수 있다. 그림 11.5에서 보는 것처럼, 정규화 되지 않은 데이터는 각 변수 축의 스케일이 다르게 형성되어 있어 최적화를 수행할 영역이 비대칭하게 형성될 가능성이 있다. 비대칭적인 최적화 영역(Space)에서는 최적화 기법(Optimizer)을 적용하는 것에 제한이 생길 수 있다. 가령 학습률(Learning Rate)이 상대적으로 크게 적용되었다면 오히려 발산할 수 있는 가능성이 있다. 즉, 데이터 스페이스 내 ∇W 벡터의 방향에 따라 적절하게 최적화가 수행되기 위해선 학습률을 의도적으로 작게 해야 할 것이고, 이로 인해 학습 속도가 느려질 수 있다. 또한, 데이터 스페이스가 비대칭하기 때문에, 최적화를 수행하게 되는 시작 위치에 따라 최적화의 속도가 달라질 수 있는 가능성이 크다.

반면에, 정규화된 데이터를 사용하게 되면, 비교적 대칭적인 그림 11.6과 같은 최적화 스페이스를 구성할 수 있다. 따라서, 학습률이 상대적으로 크더라도, 충분히 쉽게 최적화를 수행할 수 있게 된다. 또한, 최적화 시작 위치가 달라지더라도 ∇W 벡터의 방향 변화가 그리 민감하지 않다.

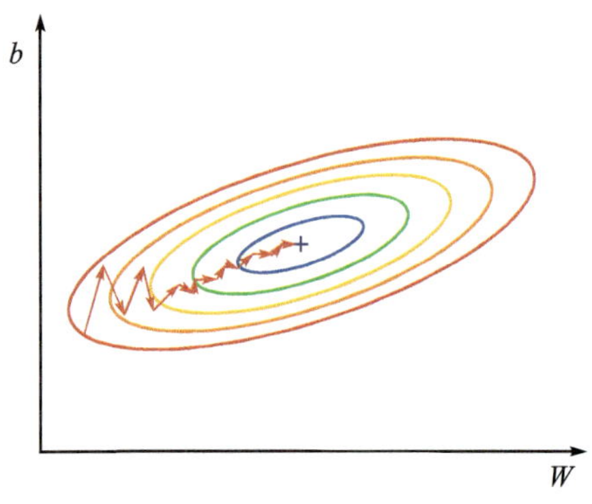

그림 11.5 정규화되지 않은 최적화 스페이스

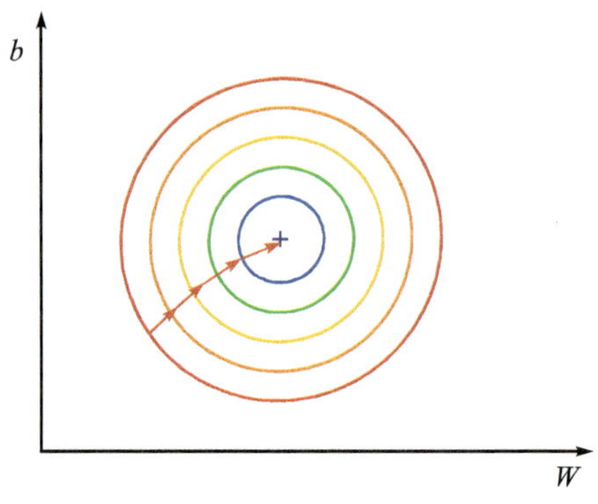

그림 11.6 정규화된 최적화 스페이스

손실함수(Loss Function)의 측면에서 생각해 볼 때도, 정규화를 수행하게 된다면, 국부적 극소점(Local Minimum)이 포함된 골짜기가 절대적인 지표에서 작아지게 됨을 확인할 수 있다. 즉, 정규화를 수행하게 되면 최적화에 있어 국부적 극소점에서 쉽게 벗어날 수 있는 효과도 나타남을 직관적으로 확인할 수 있다(그림 11.7 참고).

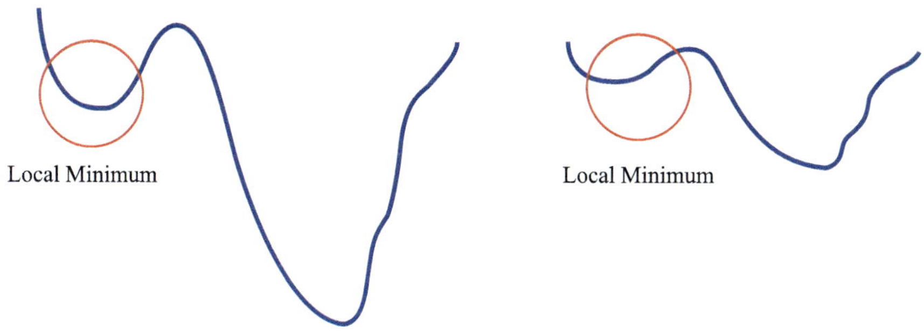

그림 11.7 정규화에 따른 Local Minimum 깊이 변화

이러한 정규화의 방법으로 자주 사용되는 기술들로는, 가우시안(Gaussian) 정규화, 최대-최소 정규화, 센터링(Centering) 등이 존재한다. 가우시안 정규화는 정규분포를 따르는 데이터로 스케일을 조정하는 방법을 말한다. 최대-최소 정규화는 데이터의 스케일을 0-1로 조정하는 방법을 말한다. 센터링은 데이터에서 평균을 감하여 데이터가 Zero-Centered 데이터로 분포하도록 만드는 방법을 말한다. 이러한 정규화 방법들은 각각 식 11.2, 11.3, 11.4 등이 있다. 여기서 x_{norm}은 정규화된 데이터, $\bar{x}$는 입력 데이터 x의 평균, $std(x)$는 입력 데이터 x의 표준편차, $x_{\max}$는 입력 데이터 x의 최댓값, $x_{\min}$은 최솟값을 의미한다.

$$x_{norm} = \frac{x - \bar{x}}{std(x)} \quad \text{(식 11.2)}$$

$$x_{norm} = \frac{x - x_{\min}}{x_{\max} - x_{\min}} \quad \text{(식 11.3)}$$

$$x_{norm} = x - \bar{x} \quad \text{(식 11.4)}$$

사실, 가우시안 정규화는 통계학에서 원점수를 표준점수(Z 점수)로 변환시키는 것과 동일하다. 통계학에서 표준점수를 활용하는 이유는 표본이 다른 그룹의 원점수를 상대적으로 비교하기 어렵기 때문에, 절대적으로 동일한 분포(평균이 0, 표준편차가 1인 표준정규분포)를 따르도록 바꾸어 비교하기 위함이다. 즉, 기존 데이터를 동일 분포를 따르는 데이터들로 치환하여 이용하면 다양한 변수의 분석이 쉬워지고, 가능해질 수 있다는 의미를 내포한다. 이를 딥러닝 모델에 적용한다고 생각해보면, 정규화 기술이 사용되는 이유를 조금 더 쉽게 이해할 수 있다.

데이터의 정규화는 입력 데이터 뿐 아니라, 딥러닝 모델의 은닉층이 만들어내는 출력 데이터들에도 적용될 수 있다. 앞선 챕터 10에서는 모델에 사용되는 데이터를 배치로 표현한다고 설명한 바 있는데, 이 용어를 활용하여 모델을 이루는 임의의 층에서 도출하는 출력값을 정규화하는 과정을 배치 정규화(Batch Normalization)[4]이라고 표현한다. 데이터 정규화는 간단히 말해 실제 모델 학습 Iteration 과정마다 샘플링되어 사용되는 데이터 미니 배치(Mini-Batch)를 가우시안 정규화하여 다음 층에 입력값으로 전달한다.

이를 좀 더 쉽게 이해하기위해, 두 개의 은닉층을 가진 딥러닝 모델을 예로 들어 생각해 보자. 모델의 입력층(Input Layer)에서는 전체 모수 데이터에서 랜덤하게 샘플링 된 데이터의 표본(Batch)을 추출할 것이고, 매 학습별로 이 표본은 계속해서 달라진다. 표본이 달라짐에 따라 첫 번째 은닉층에 입력값으로 들어오는 입력층의 출력값의 분포, 크기 등이 달라지게 된다. 이 때, 만약 입력층의 출력값이 일정 분포를 띄도록 만들어 준다면 은닉층에 입력값으로 도달하는 데이터의 절대 크기, 표준편차 등이 비슷한 수준의 데이터로 나타나게 되므로, 은닉층의 학습이 더 쉬워질 수 있는 가능성이 있다. 이러한 효과를 발현시키기 위해, 인위적으로 앞선 레이어의 출력값을 배치 정규화시켜 활용한다.

Keras 프레임워크를 이용할 때에는 다음과 같은 코드를 다양한 레이어(입력층, 은닉층, 출력층) 사이에 위치시켜 정규화를 수행할 수 있다.

Batch Normalization in Code

```
# dropout
layer = keras.layers.BatchNormalization()
```

11.3 규칙화(Regularization)

딥러닝 모델의 학습을 수행하는 과정에서, 성능을 높이기 위한 방법으로 다양한 하이퍼파라미터(Hyperparameter)들을 미세조정(Fine-Tuning) 하는 것도 좋은 방법이지만, 더 간단한 방법이 존재한다. 딥러닝 모델의 은닉층의 숫자와, 층 별 노드 수를 늘려 딥러닝 모델을 더욱 깊게(Deep) 만들고, 더 많은 횟수의 학습을 수행하는 것이다. 하지만 Part 1에서 잠시 이야기한 바 있지만, 개발하고자 하는 딥러닝 모델을 무작정 깊게 만들고, 많이 학습한다고 해서 딥러닝 모델의 성능이 계속해서 좋아지지 않는다. 즉, 적절한 수준의 모델 네트워크와 학습 횟수의 선정이 필수적이다.

적절한 수준의 모델 네트워크와 학습 횟수의 선정을 위해선, 모델이 얼마나 일반화되었는지를 판단해야한다. 그림 11.8, 11.9의 예를 통해 일반화의 의미가 어떤 의미인지 이해해보자. 붉은 점과 푸른 점을 나누는 것을 목적으로 하는 분류기(Classifier)의 개발을 목적으로 한다면, 그림 11.8의 그래프가 좋은 것일까? 아니면 그림 11.9의 그래프가 좋은 것일까? 결론부터 말하자면 두 그래프 모두 좋지 않은 그래프 형태이다.

그림 11.8의 예부터 살펴보자. 그림 11.8의 그래프는 과소적합(Underfitting)된 그래프의 대표적인 예를 보여주고 있다. 과소적합은 분류기가 데이터가 가진 패턴을 제대로 학습하지 못해 데이터 패턴을 제대로 인식할 수 없게 된 상태를 의미한다. 과소적합이 나타나는 이유는 모델의 학습이 덜 되었거나, 학습된 모델의 자유도가 데이터가 만드는 패턴의 복잡성을 반영할 수 없는 수준으로 설정되어 나타날 수 있다. 이러한 과소적합을 방지하기 위해서는 데이터의 학습량을 더 늘리거나 모델이 가진 파라미터의 수를 늘려 모델의 자유도를 높이고 이를 통해 모델의 복잡성을 높이는 등의 방법을 사용할 수 있다.

반대로, 그림 11.9의 예는 과대적합(Overfitting)의 예를 보여주고 있다. 과대적합은 과소적합과는 반대로, 분류기가 학습에 활용된 데이터가 가진 특성을 너무 잘 반영해 문제가 되는 현상이다. 따라서, 과대적합 현상이 나타나게 되면, 학습에 이용된 데이터로 테스트한 결과가 완벽하게 도출되는 경향이 있다. 언뜻 "성능이 완벽해지는데, 과대적합이 왜 문제일까?" 라는 생각을 가질 수 있는데, 이에 대한 답변은 우리가 모델을 만드는 이유를 생각하면 쉽게 이해할 수 있다.

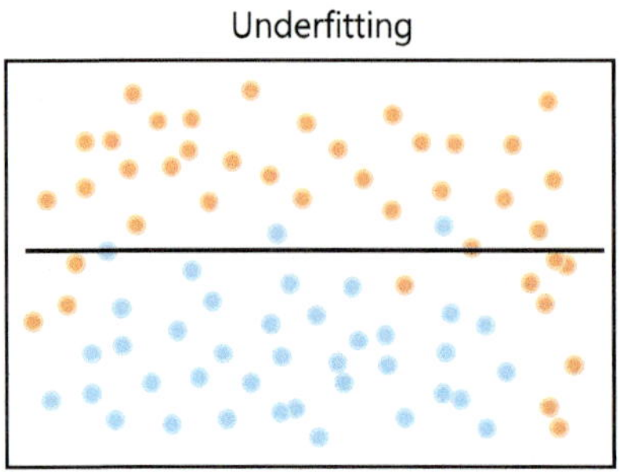

그림 11.8 과소적합(Underfitting) 모델

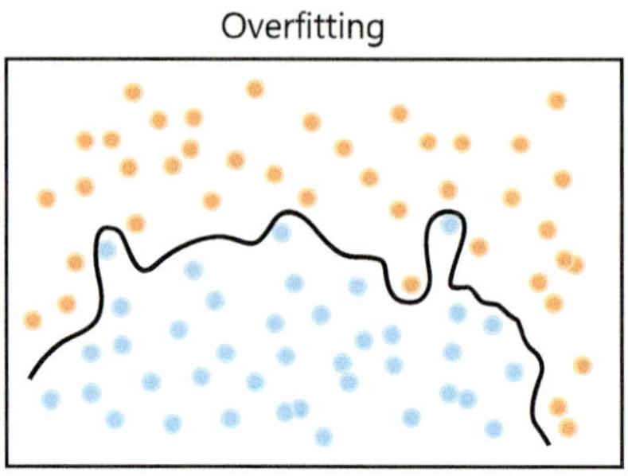

그림 11.9 과대적합(Overfitting) 모델

우리가 아무리 양질의 데이터를 얻었다고 하더라도, 일반적으로 개발되는 딥러닝 모델이 적용되어야 하는 실제 문제는 딥러닝 모델이 학습하지 못했던 영역을 반드시 포함하게 된다. 다시 말해, 딥러닝 모델은 모수의 패턴을 잘 인식할 수 있도록 개발되어야 하는데, 과대적합 현상은 표본의 패턴만을 잘 인식할 수 있게 만드는 현상이다. 그림 11.8, 11.9에서 나타낸 데이터 분포에서 상식적으로 생각할 수 있는 모수의 형태는 그림 11.10일 것이다. 즉, 실제 모수 패턴을 고려할 때, 과대적합된 모델은 그림 11.11에서 보이는 바와 같이 노란색으로 상당한 오류를 내포하게 된다. 따라서, 학습되는 모델이 과대적합되지 않도록 주의해야 할 필요가 있다.

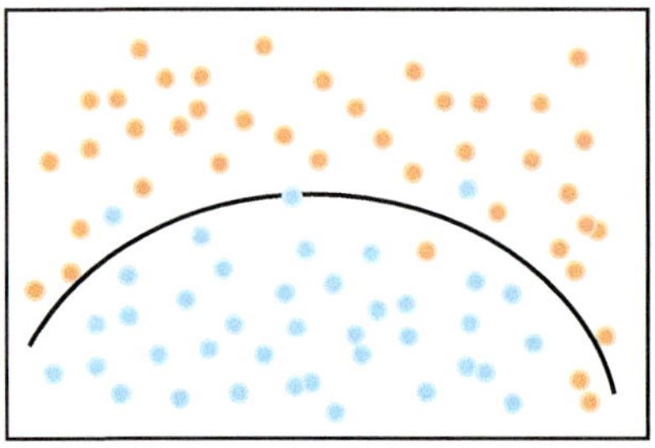

그림 11.10 실제 모수의 패턴을 작 적합한 모델의 예

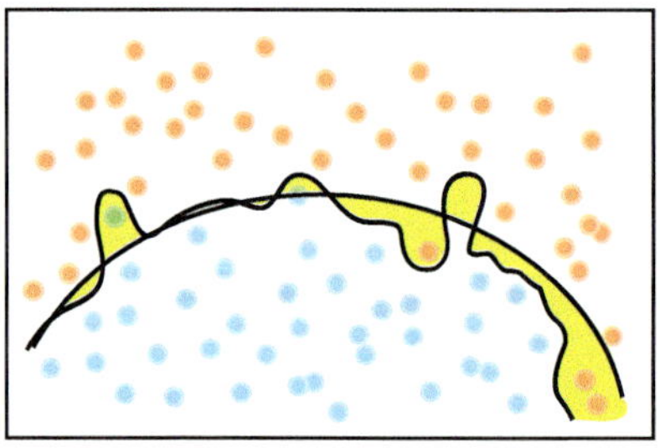

그림 11.11 실제 모수의 패턴과 비교시,
그림 11.9 과대적합 모델의 오류

모델이 과대적합되지 않게 하기 위한 방법으로, 모델을 일반화하는 방법을 사용할 수 있다. 과소적합의 예에서 이야기했던 것과 모델을 반대되도록 개선할 수 있다. 모델의 학습 파라미터를 줄여 자유도를 줄이고 학습 횟수를 줄이는 등의 노력이다.

두 번째로는 모델 학습 과정에서 가중치를 감소시키도록 하는 규칙화(Regulari-zation[3])[5] 방법을 사용할 수 있다. 일반적으로 과대적합은 특정 가중치가 너무 커져 상대적으로 의미없는 가중치가 생기게 되면 발생하는 경향이 있다. 간단한 예를 통해 규칙화가 필요한 이유를 이해해보자. 입력 데이터 x가 식 11.5와 같고, 이를 이용해 각각 최적화된 가중치가 식 11.6, 11.7의 w_1, w_2 로 각각 학습되었다고 가정해보자. 그렇다면, 식 11.8과 같이 각 평가 점수는 1로 동일하게 계산될 것이다. 그렇다면, w_1과 w_2 중 어떤 가중치가 더 좋은 가중치로 판단될 수 있을 것일까?

$$x = [1, 1, 1, 1] \quad \text{(식 11.5)}$$

$$w_1 = [1, 0, 0, 0] \quad \text{(식 11.6)}$$

$$w_2 = [0.25, 0.25, 0.25, 0.25] \quad \text{(식 11.7)}$$

$$w_1^T x = w_2^T x = 1 \quad \text{(식 11.8)}$$

결론부터 말하자면, w_2가 대체로 w_1보다 좋은 가중치로 인식될 수 있다. 그 이유는, 가중치 w_1은 오로지 입력 데이터 x벡터의 첫 번째 요소만을 의존하는 결과를 보이고 있으므로, x벡터의 나머지 요소에 어떤 값이 나오더라도, 이를 반영할 수 없다. 반면에, w_2는 입력 데이터 x벡터의 모든 요소 정보를 반영하여 평가 점수를 계산하여 더 합리적인 결과를 도출할 수 있도록 구성되어 있다. 즉, 1의 같은 평가 점수값이 도출되더라도, 두 평가 점수 1이 가지고 있는 의미는 천차만별이 될 수 있다는 소리다.

더 좋은 가중치를 만들기 위한 규칙화는 기존 손실값 L_0에 가중치를 통해 인위적으로 계산된 손실 $R(W)$를 더하여 식 11.9와 같이 적용한다. 식 11.9와 같이 손실함수를 인위적으로 키워주게 되면 업데이트되는 가중치가 작아지도록 하는데, 이를 통해 특정 가중치가 비이상적으로 커지는 행태가 나타나는 것을 방지할 수 있게 된다. 이를 가중치 감소(Weight Decay)라고도 부른다. 손실함수에 추가되기 위해 사용될 $R(W)$로 자주 사용되는 함수는 L1 거리와 L2 거리를 계산하는 계산 공식이며 식 11.10과 11.11과 같다.

3) 일반적으로 Regularization도 Normalization처럼 '정규화'로 번역해 사용하는 것이 일반적이나, 본 서적에서는 두 용어의 사용 구분을 위해서 규칙화라고 표현하여 사용한다.

$$L = L_0 + \lambda R(W) \quad \text{(식 11.9)}$$

$$R(W) = \frac{\lambda}{N}\sum|W| \quad \text{(식 11.10)}$$

$$R(W) = \frac{\lambda}{2N}\sum W^2 \quad \text{(식 11.11)}$$

여기서 λ는 규칙화의 하이퍼파라미터로 가중치 감소의 적용 정도를 통제할 수 있도록 사용된다. λ의 크기 변화에 따른 모델의 일반화 영향은 그림 11.12에서 비교하여 보여주는 것과 같다.

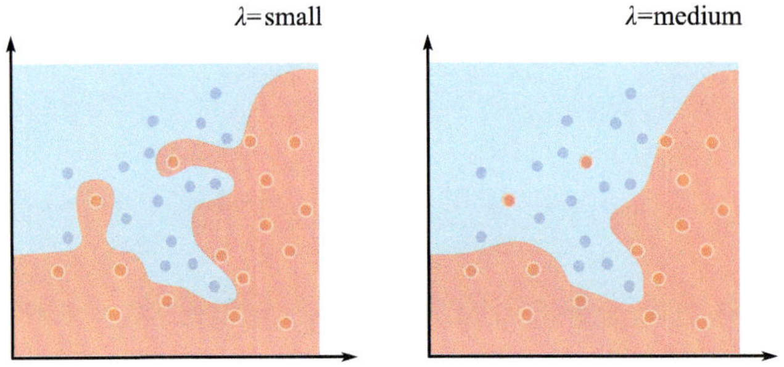

그림 11.12 λ의 크기 변화에 따른 모델의 일반화 영향

이러한 가중치 감소 방식 외, 딥러닝 모델 규칙화 방안의 획기적인 아이디어로 드롭아웃(Drop Out)이 Srivastava et al. (2014)[6]에 의해서 제시된 바 있다.

다층의 딥러닝 모델이 평가 점수값을 계산해 나가는 과정에서 각 층은 다음 층에 입력값으로 사용될 수 있는 데이터를 전달한다. 이러한 데이터는 이전 데이터와 가중치의 곱으로 나타나는 값으로, 이전 데이터의 다양한 측면을 분석해 보여주는 정제된 특징이라고 해석할 수도 있다. 즉 딥러닝 모델의 각 노드에 입력값으로 나타나는 특징들은 그림 11.13에서 보여주는 것 같이 각기 다른 의미를 가진 형태로 생각될 수 있는데, 드롭아웃은 이러한 노드를 온오프(On-Off) 해가며 학습해나가는 방식을 말한다.

만약 딥러닝 모델에 드롭아웃이 적용되게 되면 매 미니 배치의 학습 횟수(Iteration)마다 랜덤하게 노드를 선택하고, 선택된 노드들을 온오프 하며 학습을 진행하게 된다. 예를 들어, 3개 노드가 존재하는 네트워크라고 가정하면, 첫 번째 학습에서는 1, 3번 노드만 작동시켜 1, 3번 노드에 연결된 가중치만 학습하고, 두 번째 학습에서는 1, 2번 노드만 작동시켜 1, 2번 노드에 연결된 가중치만 학습하도록 한다. 만약, 특정 노드가 평가 점수 계산에 지대한 영향을 보여주더라도, 해당 노드가 작동되지 않을 경우의 네트워크도 다수 학습하여 나머지 노드들이 좋은 평가 점수를 만들도록 학습되게 된다. 즉, 드롭아웃을 사용한 네트워크에서 계산되는 평가 점수는 모든 가중치가 종합적으로 적용되어 나타난 결과가 될 것이다.

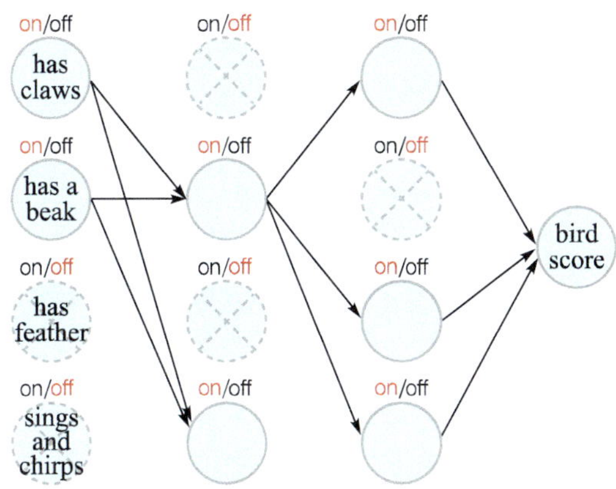

그림 11.13 드롭아웃의 동작 방식과 인공신경망 각 노드의 의미 개념

뿐만 아니라, 드롭아웃은 파라미터를 공유하는 수많은 모델의 앙상블(Ensemble) 모델로 생각될 수도 있으므로, 과대적합의 방지 뿐 아니라 모델 성능의 향상도 가져올 수 있다는 가능성이 있다.

특히, 드롭아웃을 사용하게 된다면, 인위적으로 일부 노드의 작동을 중단한 채 학습을 수행하므로, 정방향 계산과정(Forward Pass)과 역전파(Backpropagation) 과정 모두에서 학습 속도 향상을 도모할 수 있다는 장점이 있다. 하지만 검증 데이터를 활용할 때에는 전체 아키텍쳐 모두를 사용하여 평가 점수를 계산하여야 하기 때문에 드롭아웃을 적용해선 안된다. 이에 따라, 모델 검증 시에는 속도 향상을 기대할 순 없다(그림 11.14 참고).

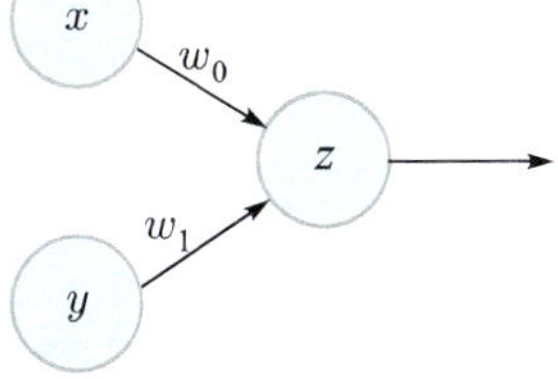

During Test

$z = w_0 * x + w_1 * y$ → 연산횟수=2

During Train

$$E[z] = 1/4*((0*x+0*y)+(w_1*x+0*y)+(0*x+w_2*y)+(w_1*x+w_2*y))$$
$$= 1/4*(2*w_1*x+2*w_2*y)$$
$$= 1/2*(w_1*x+w_2*y)$$ → 연산횟수=1

그림 11.14 드롭아웃 사용 시 학습 및 검증 정방향 연산횟수 비교

Keras 프레임워크를 이용할 때에는 다음과 같은 코드를 활용하여 규칙화를 수행할 수 있다.

Regularization in Code

```
# L1 Regularizer
reg = keras.regularizers.l1(l1=0.01)
layer = keras.layers.Dense(3, kernel_regularizer=reg)
```

```
# L2 Regularizer
reg = keras.regularizers.l2(l2=0.01)
layer = keras.layers.Dense(3, kernel_regularizer=reg)
```

```
# L1_L2 Regularizer
reg = keras.regularizers.l1_l2(l1=0.01, l2=0.01)
layer = keras.layers.Dense(3, kernel_regularizer=reg)
```

CHAPTER 12

합성곱 신경망

12.1 합성곱 신경망(CNN)

합성곱 신경망(Convolution Neural Network, CNN)[1]은 기존 인공신경망에서 합성곱 레이어(Convolution Layer)를 함께 이용하여 딥러닝 모델의 성능을 높이기 위해 설계된 신경망을 말한다. 합성곱 레이어의 동작은 데이터와 필터의 합성곱을 통해 수행되는데, 이러한 데이터와 필터의 합성곱을 통해 특징값(Feature)을 추출하는 과정은 기존 이미지 처리 및 신호 처리 기술들에서 사용하는 방식과 동일하다. 한편, CNN을 이용하게 될 경우, 합성곱 레이어의 필터들을 학습해 이용할 수 있게 되는데, 이를 통해 기존의 기술들보다 더 좋은 방식의 딥러닝 모델 아키텍쳐로 CNN이 많은 관심을 받고 있다.

다중의 합성곱 레이어를 활용하게 되면, 다양한 특징값을 얻을 수 있게 된다고 한다. 이는 그림 12.1을 통해 도식화되어 표현되고 있는데, 그림에서 보는 것 같이 사람이 인식하기는 사실 쉽지 않지만 다양한 특징이 생성되고 이러한 특징들이 분류에 활용되고 있음을 확인할 수 있다.

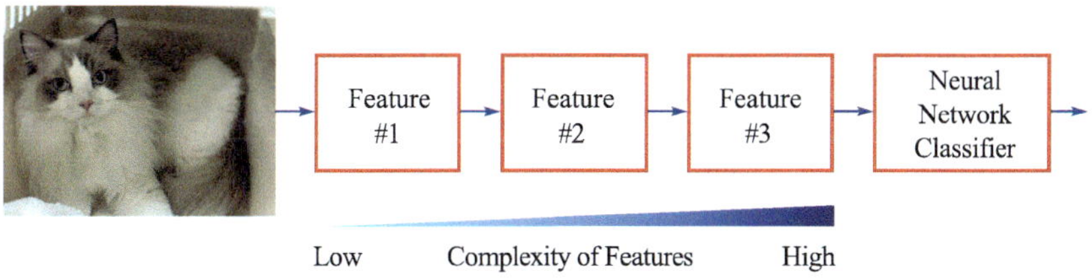

그림 12.1 CNN을 통해 추출되는 다양한 Feature들

이러한 CNN의 특성에 따라서, 그림 12.2에서처럼 다층의 합성곱 레이어를 이용하는 것이 일반적이다. 또한 CNN 신경망 구조에서는 풀링 레이어(Pooling Layer)도 함께 이용하는데 이러한 레이어들의 특징에 대해서 상세히 알아보자.

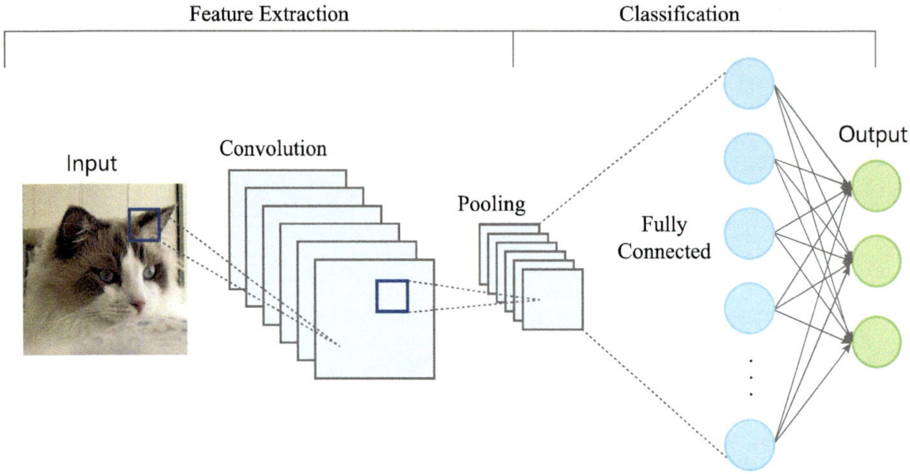

그림 12.2 일반적인 CNN의 아키텍쳐 구성

12.2 합성곱 레이어

CNN은 이미지의 분석에서 타 기술에 비하여 월등한 성능을 보여주고 있으며, 이러한 특징에 따라 이미지 분석 문제에 자주 활용되곤 한다. 기존 이미지 프로세싱 기술을 빗대어 볼 때, 합성곱 레이어는 다양한 필터를 통해 데이터에서 다양한 특징값을 추출하는 과정과 동일하게 사용된다. 예를 들어 이미지 데이터의 경우 어떤 필터를 사용하느냐에 따라 입력 데이터의 다양한 특징값을 생성해낼 수 있는데, 그림 12.3은 이미지 프로세싱에서 많이 쓰이는 가우시안 필터, Sobel 필터, HOG 필터를 통해 얻은 특징을 보여주고 있다. 즉, 합성곱 레이어도 이러한 필터들과 같은 형태로 구성되게 되며, 기존 필터들과는 달리 합성곱 레이어 기반의 필터는 그 매트릭스의 모든 요소가 파라미터로 사용되어 학습을 통해 그 파라미터들이 정의되게 된다.

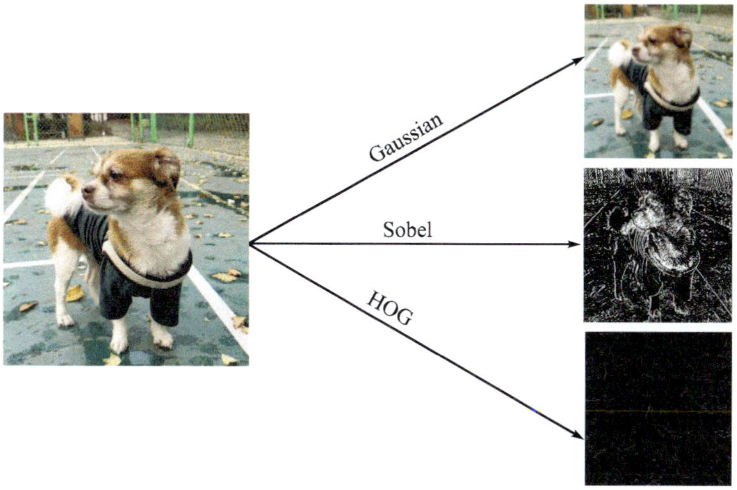

그림 12.3 Gaussian, Sobel, HOG Filter를 이용한 이미지 특징값 추출 예

이러한 합성곱 레이어의 계산은 입력값 데이터의 각 부분집합들과 필터의 합성곱 연산을 통해 계산된다. 합성곱은 크기가 같은 두 매트릭스 간 동일 위치의 요소 간의 곱들을 모두 더하여 계산하는 과정을 말한다. 이해를 돕기 위해 본 챕터에서는 2차원 매트릭스 형태를 가진 입력값에 합성곱 연산을 수행하는 과정을 고려해보자(그림 12.2 참고). 그림 12.4는 4×4 입력 매트릭스에 3×3 크기의 필터가 이용되어 합성곱 연산을 수행하는 과정을 보여주고 있다.

또한, 합성곱 레이어를 이용할 때는 필터의 깊이 및 크기, 스트라이드(Stride)의 크기, 패딩(Padding)의 크기 등을 결정해야 한다. 먼저 필터의 깊이는 출력 레이어로 나타나는 특징값의 개수를 결정하는 인자를 말한다. 필터의 크기는 입력 데이터와 필터 간의 합성곱이 계산될 매트릭스의 크기를 결정하는 인자를 말하며, 스트라이드는 필터가 얼마의 간격으로 이동하며 합성곱을 진행할지를 결정하는 인자를 말한다.

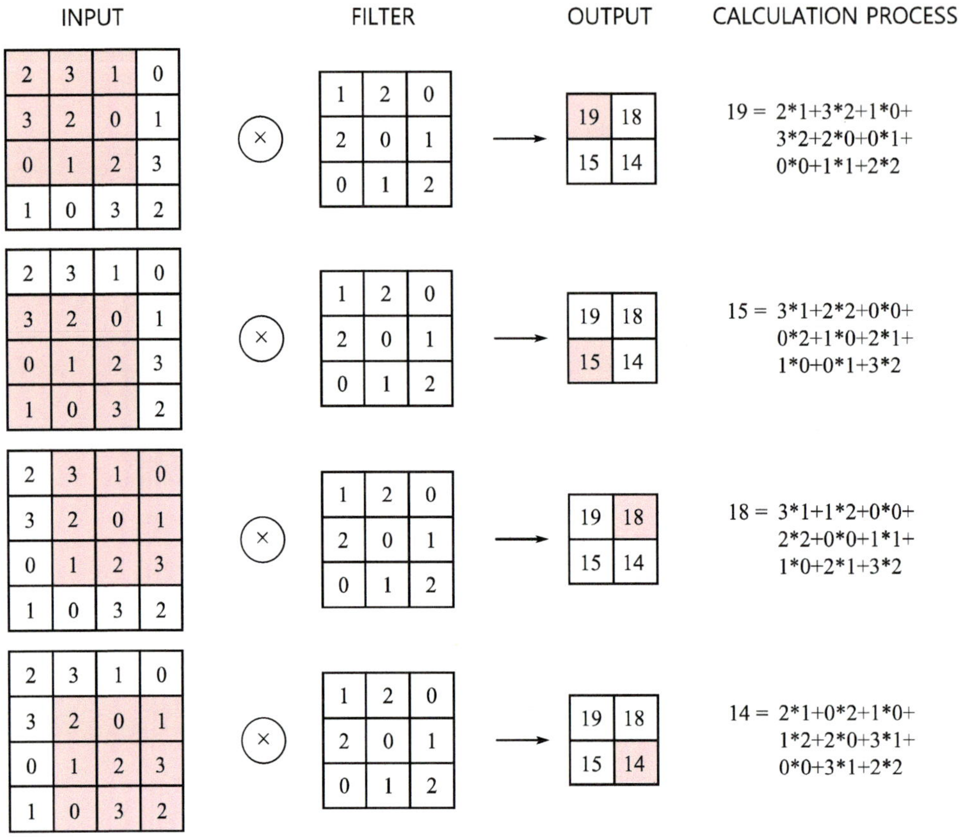

그림 12.4 Convolution Layer의 합성곱 계산

또한 패딩의 크기는 출력 데이터의 크기를 조작하기 위해 입력 데이터의 모든 가장자리에 인위적으로 특정한 값을 세팅하는 것을 말한다. 패딩은 주로 입력 데이터와 출력 데이터의 크기를 동일하게 유지시키기 위해 많이 사용된다. 특히 0 값을 이용한 패딩을 가장 많이 사용하는데, 이를 제로 패딩(Zero-Padding)이라고 부른다. 그림 12.5는 필터의 깊이, 스트라이드의 크기, 패딩의 크기의 설정에 따른 출력 데이터를 시각적으로 보여준다.

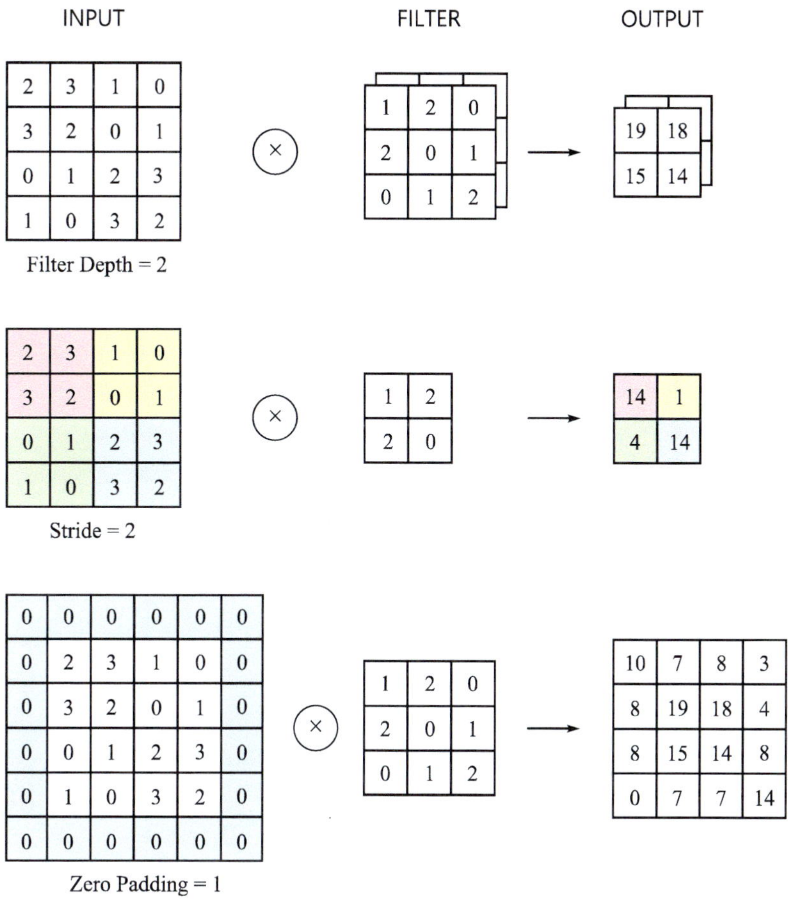

그림 12.5 Filter의 깊이, Stride의 크기, Padding의 크기에 따른 Convolution Layer의 합성곱 계산

필터의 깊이 및 크기, 스트라이드의 크기, 패딩의 크기의 설정은 출력 데이터의 크기에 영향을 미치게 되는데, 식 12.1은 출력 데이터의 깊이(D_{output}), 식 12.2은 출력 데이터의 가로 크기(W_{output}), 식 12.3은 출력 데이터의 세로 크기(H_{output})로 정의된다. 여기서, K는 필터의 개수, F는 필터의 가로 및 세로의 크기, S는 스트라이드의 크기, P는 패딩의 크기, W_{input}은 입력 데이터의 가로 크기, H_{input}은 입력 데이터의 세로 크기, D_{input}은 입력 데이터의 깊이를 의미한다.

$$D_{output} = K \quad \text{(식 12.1)}$$

$$W_{output} = (W_{input} - F + 2P)/S + 1 \quad \text{(식 12.2)}$$

$$H_{output} = (H_{input} - F + 2P)/S + 1 \quad \text{(식 12.3)}$$

또한, 합성곱 레이어를 통해 이용되는 필터의 깊이는 입력 데이터 매트릭스의 깊이와 동일하며, 계산되는 출력 데이터의 깊이는 사용되는 필터의 개수와 동일하다. 예를 들어, 그림 12.6과 같이 5×5 크기의 필터를 이용하고자 한다면, 우선 필터의 깊이는 필터가 사용되는 입력 데이터 매트릭스의 깊이와 동일하도록 3으로 설정되어야 하며, 출력 데이터 매트릭스의 깊이는 채널의 개수인 1개가 된다. 만약 그림 12.7처럼 6개의 필터를 이용한다면, 출력 데이터 매트릭스의 깊이는 6으로 설정되어 나타난다.

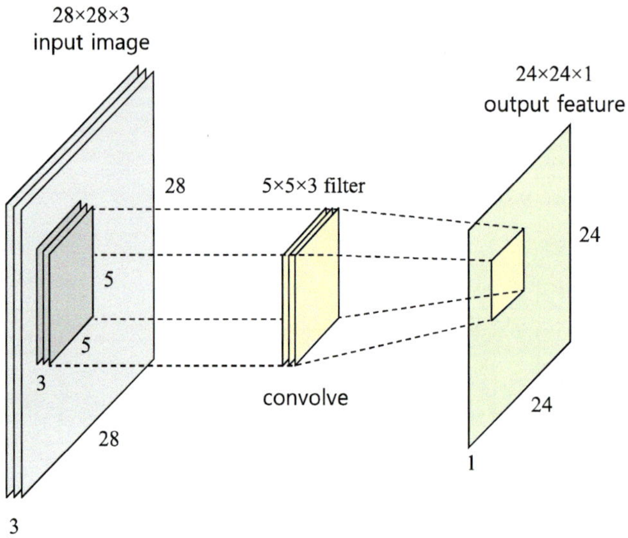

그림 12.6 1개 5x5x3 Convolution Filter를 통한 계산 결과

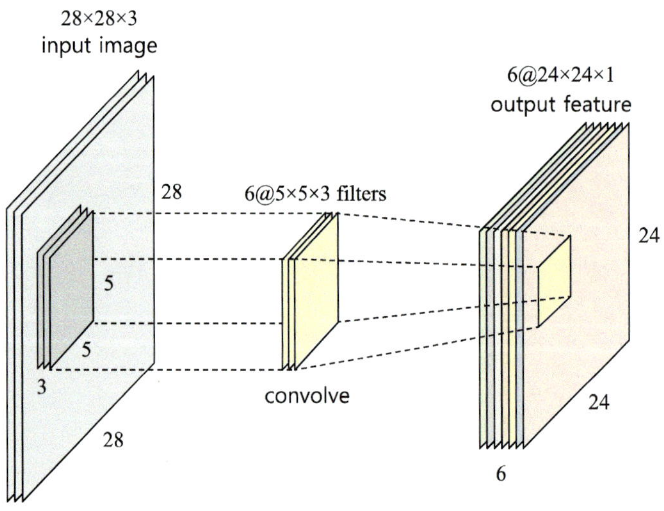

그림 12.7 6개 5x5x3 Convolution Filter를 통한 계산 결과

Keras를 통해 3차원 매트릭스 형태(Width, Height, Channel)을 분석할 수 있는 합성곱 레이어를 추가하는 코드는 다음과 같다. Convolution2D 모듈의 인자는 순서대로, 도출될 출력 데이터의 채널 수(32), 활용되는 합성곱 필터(Convolution Filter) 매트릭스의 크기((Width, Height); (3, 3)), 패딩 사용 방법을 의미한다. 여기서 패딩 사용 방법은 'same'과 'valid'가 존재한다. 'same'은 필터 크기를 고려하여 도출되는 출력 데이터의 Width, Height가 입력 데이터의 Width, Height와 동일하도록 패딩 크기 설정하는 것이고, 'valid'는 필터 크기 계산식을 따르되, 오류가 생길 여지가 있을 시, 패딩으로 적절히 조절하여 활용하라는 뜻이다.

```
from tensorflow.keras.models import Sequential
from tensorflow.keras.layers import Convolution2D

model = Sequential()
model.add(Convolution2D(32,(3,3),padding='same',
          input_shape=(32,32,3)))
model.summary()
```

```
Console Output:
Model: "sequential"
_________________________________________________________________
 Layer (type)                Output Shape              Param #
=================================================================
 conv2d (Conv2D)             (None, 32, 32, 32)        896

=================================================================
Total params: 896
Trainable params: 896
Non-trainable params: 0
_________________________________________________________________
```

12.3 풀링 레이어

합성곱 레이어의 경우 다양한 특징값의 생성을 목적으로 하므로 데이터가 합성곱 레이어를 통과하게 되면 출력 데이터의 양이 기하급수적으로 늘어나게 된다. 생성된 많은 특징값은 다음 레이어의 입력 데이터로 이용되게 되므로 너무 많은 특징값은 학습 시간에 악영향을 줄 수 있다. 이를 방지하기 위한 레이어로 풀링 레이어(Pooling Layer)가 존재한다. 풀링 레이어에서는 부표본추출(Subsampling) 과정을 통해 입력 데이터를 데이터의 양을 줄여 학습시간이 늘어나는 것을 조기에 방지시킨다. 부표본추출은 입력 데이터의 값들 중 특별한 값을 추려내고 입력 데이터의 크기를 줄이는 것을 뜻한다.

풀링 레이어에서 가장 자주 사용되는 풀링의 방식으로는 최댓값 풀링(Max Pooling)과 평균값 풀링(Mean Pooling)이 존재한다. 최댓값 풀링의 경우 입력 데이터를 필터의 크기로 부분집합을 나눈 뒤 가장 큰 값을 출력 데이터로 부표본추출하는 풀링을 말하고 평균값 풀링의 경우 평균값을 부표본추출하는 풀링 말한다. 그림 12.8은 스트라이드의 크기가 2, 2×2 크기의 필터를 이용한 최댓값 풀링과 평균값 풀링의 계산과정을 보여주고 있으며 이와 같이 풀링을 이용할 경우 데이터의 양을 75% 줄이는 효과가 있다.

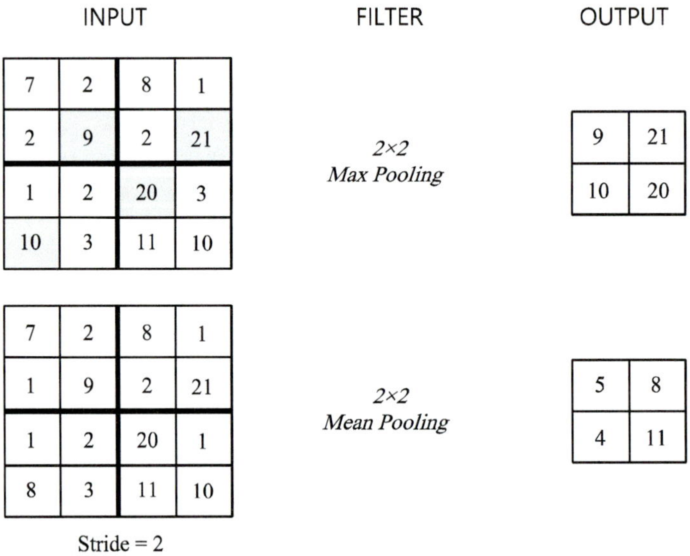

그림 12.8 Max Pooling 및 Mean Pooling의 계산

Keras를 통해 3차원 매트릭스 형태(Width, Height, Channel)을 분석할 수 있는 풀링 레이어를 추가하는 코드는 다음과 같다. 'MaxPooling2D' 모듈에서는 풀링 레이어의 채널을 조절할 수 있다. 결과를 통해 출력 데이터의 Width와 Height가 절반으로 줄어든 것을 확인할 수 있으며, 동시에 훈련해야 할 파라미터는 늘어나지 않는 것을 확인할 수 있다.

```
from tensorflow.keras.models import Sequential
from tensorflow.keras.layers import Convolution2D
from tensorflow.keras.layers import MaxPooling2D

model = Sequential()
model.add(Convolution2D(32,(3,3),padding='same',
          input_shape=(32,32,3)))
model.add(MaxPooling2D(pool_size=(2,2)))
model.summary()
```

```
Console Output:
Model: "sequential"

_________________________________________________________________
 Layer (type)                Output Shape              Param #
=================================================================
 conv2d_2 (Conv2D)           (None, 32, 32, 32)        896

 max_pooling2d (MaxPooling2D  (None, 16, 16, 32)       0
 )

=================================================================
Total params: 896
Trainable params: 896
Non-trainable params: 0
_________________________________________________________________
```

CHAPTER 13

순환 신경망

13.1 순환 신경망(RNN)

순환 신경망(Recurrent Neural Network)은 인공신경망의 한 종류로 각 노드간의 연결을 순환(Recurrent) 구조로 만들어 활용하는 레이어 간 연결시켜 활용하고, 이러한 순환 구조는 은닉층에서 형성하고 있다. 순환 구조를 사용한다는 점은 지금까지 본 책에서 배웠던 몇몇 네트워크와 가장 다른 특성이라고 말할 수 있다.

순환 구조라는 것은 그림 13.1에서 보는 것 같이 은닉층이 계산한 출력값을 다시 은닉층의 입력값으로 활용하는 것을 말한다. RNN과 같이 순환 구조를 가지고 있는 아키텍쳐를 설명할 때 이러한 순환 구조망으로 구성된 은닉층의 노드들을 일반적으로 셀(Cell)이라는 용어로 표현한다.

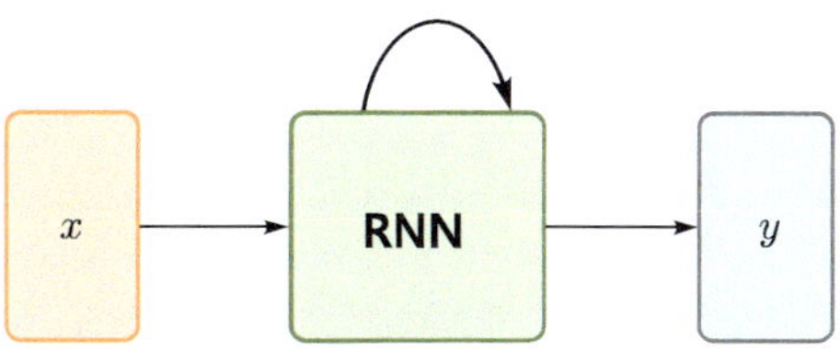

그림 13.1 은닉층의 순환 구조

이러한 RNN은 주로 순서가 있는 순차(Sequence) 데이터(문장, 신호 등)를 처리하는데 주로 사용하곤 하며, 입출력 데이터를 어떻게 구성하느냐에 따라서 아키텍쳐를 그림 13.2와 같이 유연하게 나누어 활용할 수 있다. 입출력 구성 방법에 따른 대표적인 적용 예는 표 13.1에서 나타낸 바와 같다.

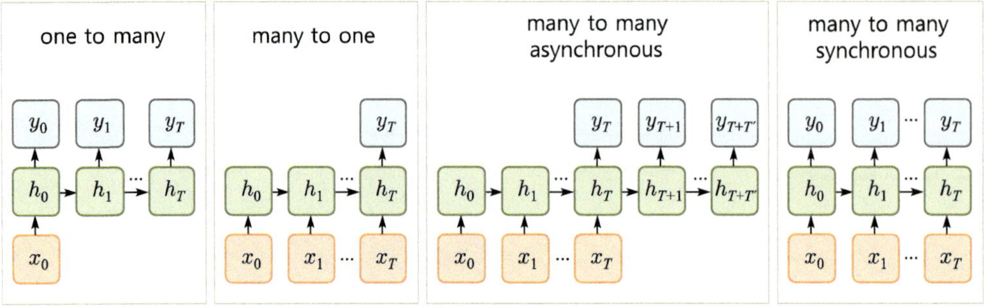

그림 13.2 입출력 구성에 따른 RNN 아키텍쳐의 변화

표 13.1 출력 구성에 따른 RNN 구조 사용 방식 예

구분	활용 방안 (Input → Output)
One to Many	이미지 캡셔닝 (사진 → 설명 문장)
Many to One	감성 분석 (문장 → 감성 점수)
Many to Many (입출력 시점 다를 때)	기계번역 (문장 → 문장)
Many to Many (입출력 시점 같을 때)	프레임 레벨 상 영상 분류 (영상 프레임 → 분류 결과)

13.2 RNN 순환 구조

RNN을 이해하기 위하여, RNN이 가지고 있는 순환 구조를 가진 은닉층에서 어떻게 데이터가 입출력되고 있는지 살펴보자. 그림 13.1과 같은 일반적인 셀을 구성을 간단한 식으로 표현하자면, 식 13.1과 같다. 여기서 h_t는 t시점 셀의 출력값, h_{t-1}은 $t-1$ 시점의 셀 출력값, x_t는 입력값을 의미한다. 또한, f_W 는 가중치 W 를 파라미터로 활용하는 평가 점수 함수에 활성화 함수를 적용한 것을 표현한다.

$$h_t = f_W(h_{t-1}, x_t) \quad \text{(식 13.1)}$$

그림 13.1과 같은 순환하는 RNN 셀을 평면적으로 구성하면 그림 13.2와 같이 구성시켜 표현할 수 있으며, 이를 통해 RNN 계산 과정을 더욱 직관적으로 이해할 수 있다. 그림 13.2에서 볼 수 있는 RNN의 계산 과정을 이를 식으로 표현하자면 식 13.2, 13.3과 같이 표현할 수 있다.

식 13.2에서 볼 수 있듯이 t시점의 h_t는 $t-1$ 시점에서 계산된 h_{t-1}와 가중치 W_{hh}의 곱과 t시점 데이터 x_t와 가중치 W_{xh}의 곱을 더해 활성화 함수를 적용하여 계산한다. 여기서는 RNN에서는 활성화 함수로 tanh를 활용한다고 가정하였다. 이후, t시점 셀의 출력값은 가중치 W_{hy}와 함께 연산되어 식 13.3과 같이 계산된다. 여기서 가중치 W_{xh}와 W_{hh}, W_{hy}는 모든 시점에서 동일하게 공유되어 활용되며, 이를 통해 딥러닝 학습에 필요한 파라미터의 양을 줄일 수 있는 장점이 있다.

$$h_t = \tanh(W_{hh}h_{t-1} + W_{xh}x_t) \quad \text{(식 13.2)}$$

$$y_t = W_{hy}h_t \quad \text{(식 13.3)}$$

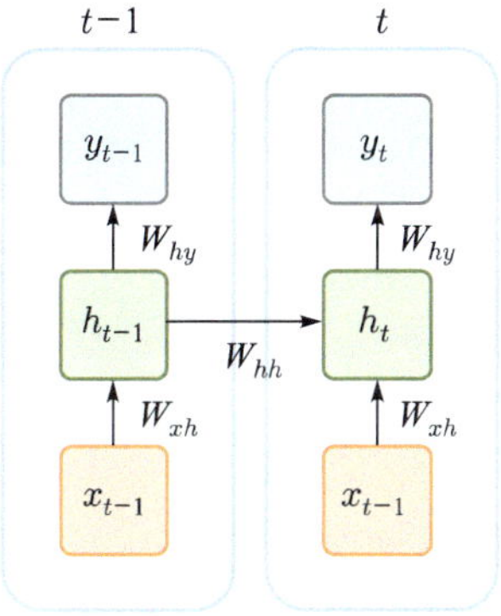

그림 13.3 RNN 은닉층 간 계산 과정 개념

특히 RNN을 활용할 경우 활성화 함수로써 비선형 함수를 사용해야 한다. 식 13.4와 같은 선형 함수를 활성화 함수로 사용한다고 가정해 보자. t시점의 은닉 상태(Hidden State)의 h_t를 계산하기 위해서 식 13.4와 같은 활성화 함수가 계속해서 사용되게 되며, 이를 식 13.3에 대입하게 되면 결과값으로 나타나는 y_t는 $3^k x$로 도출되게 되므로, 층이 쌓이더라도 상수값만 바뀌게 되어 차원이 바뀌는 현상을 기대하기는 어렵다. 이러한 경향을 바탕으로 한다면 선형 함수를 이용하는 RNN은 비선형적인 문제의 해결에서는 좋은 성능을 보장할 수 없게 될 수 있다.

$$f(x) = 3x \quad \text{(식 13.4)}$$

Keras를 통해 RNN 레이어를 추가하는 코드는 'model.add(SimpleRNN(hidden_units))'이다. 이를 이용해 간단한 RNN 레이어를 추가하는 코드는 다음과 같다. 여기서 'input_shape'의 인자는 각각 입력값의 길이와 차원을 의미한다.

```
# 필요 라이브러리 로드
from tensorflow.keras.models import Sequential
from tensorflow.keras.layers import SimpleRNN

model = Sequential()
model.add(SimpleRNN(10, input_shape=(5,10)))
model.summary()
```

```
Console Output:
Model: "sequential"

_________________________________________________________________
 Layer (type)                Output Shape              Param #
=================================================================
 simple_rnn (SimpleRNN)      (None, 10)                210
=================================================================
Total params: 210
Trainable params: 210
Non-trainable params: 0

_________________________________________________________________
```

앞서, RNN의 장점이 다양한 입출력값에 따라 다채롭게 RNN을 통한 분석을 수행할 수 있다는 것이라고 언급한 바 있다. 여기서 시퀀스의 길이가 100 시점까지 존재하는 입력 데이터를 사용한다고 가정해보자. RNN 구조의 끝부분에 위치한 h_{100}는 x_{99}와 h_{99}로 정의될 것이다. 다시 말해, RNN의 구조상 t시점의 데이터는 $t-1$시점 데이터에 가장 의존적인 현상을 보이게 되는데, 예를 들어, 입력 데이터의 패턴이 초기 1 ~ 10 시점에서 분명하게 나타난다고 가정한다면, RNN 네트워크가 만들어내는 결과는 그리 좋지 않을 가능성이 높다.

13.3 장단기 기억(LSTM)

RNN의 단점을 개선하기 위해, Hochreiter & Schumidhuber (1997)[1]은 셀 상태(Cell State)를 활용하여 데이터 장기 의존성을 개선한 장단기 기억(Long Short-Term Memory, LSTM) 기술을 제시한 바 있다. 즉, RNN과 LSTM의 가장 큰 차이점은 셀 상태를 이용하느냐이다. 이를 그림 13.4, 13.5와 같이 도식화하고 비교하여 LSTM의 특징을 이해해보자.

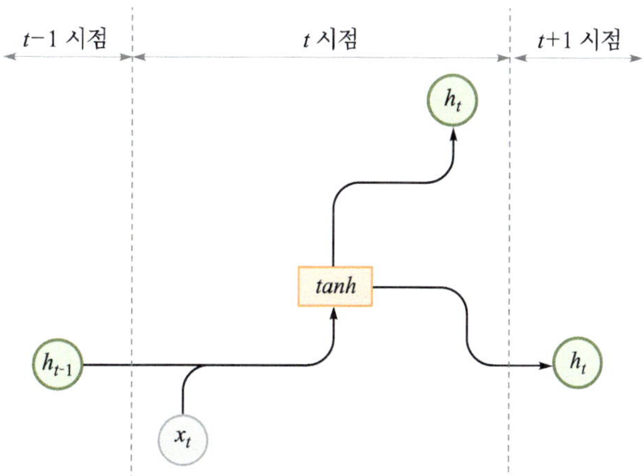

그림 13.4 일반적인 RNN 구조

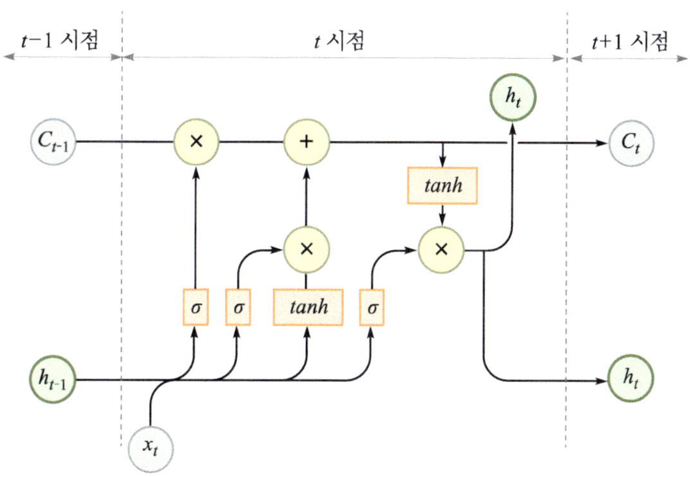

그림 13.5 일반적인 LSTM 구조

먼저 LSTM의 키 아이디어인 셀 상태에 관하여 이해할 필요가 있다. 앞서 설명한 것과 같이, 셀 상태는 데이터의 장기 의존성을 개선하는 것을 목적으로 하고 있다. 셀 상태는 그림 13.6에서처럼 모델의 처음부터 끝까지 연결되는 스트림(Stream)으로 이해할 수 있으며, 이 스트림에는 이전 셀에서 넘어오는 정보가 저장되어 있다. LSTM 셀에서는 2가지 입력값을 반영해, 장기 의존성을 개선하도록 하도록 설계되어 있다. 여기서 두 가지 입력값으로는 셀 상태에 입력되는 값이 각각 이전 셀에서 넘어온 데이터를 얼마나 기억시킬 것인지에 대한 값과 현재 셀에서 계산된 정보를 얼마나 더해 줄 것인지를 의미하는 값이 활용된다. 두 가지 입력값 f_t와 $i_t \odot g_t$는 후에 설명할 삭제 게이트(Forget Gate)와 입력 게이트(Input Gate)를 통해 도출되며, 식 13.5와 같이 각각 셀 상태에 유지되고 있는 현재 C_{t-1}값에 순차적으로 곱해지고, 더해져 계산된다.

$$C_t = C_{t-1} \odot f_t + i_t \odot g_t \qquad \text{(식 13.5)}$$

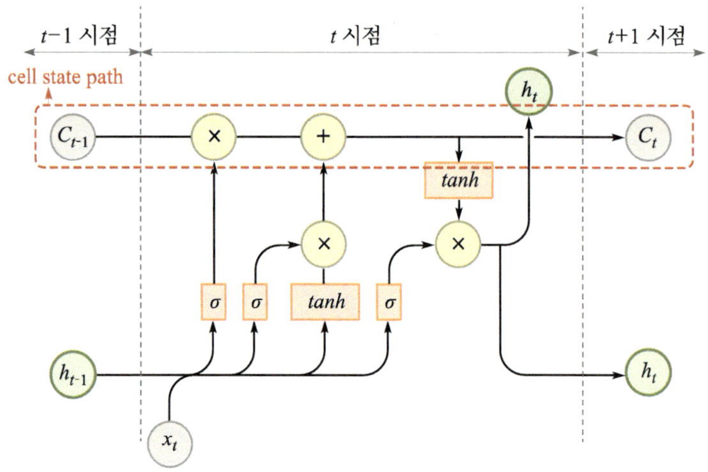

그림 13.6 Cell State 계산 구조

셀 상태가 C_t를 계산하는 스트림뿐 아니라, LSTM에서는 기존 RNN 은닉 상태가 h_t를 계산하는 스트림도 주목해야 한다. h_t를 계산해가는 과정에서는 각기 다른 상호작용을 보이는 3개의 네트워크를 이용하는데, LSTM에서는 이러한 네트워크들을 각각 '삭제 게이트(Forget Gate)', '입력 게이트(Input Gate)', '출력 게이트(Output Gate)' 라고 부른다(그림 13.7 참고).

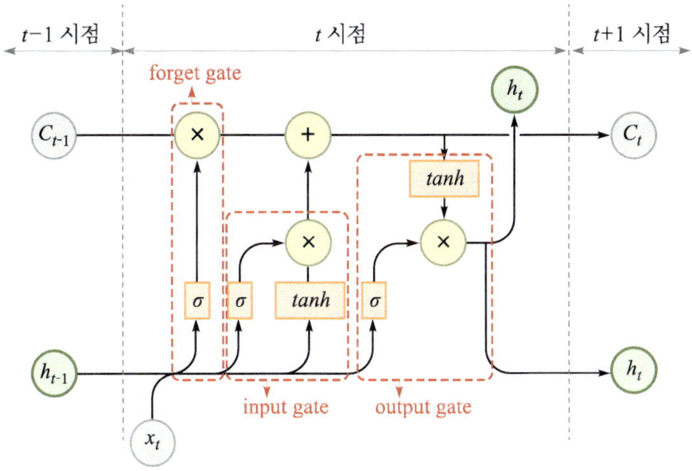

그림 13.7 LSTM의 Cell State와 3개의 네트워크

먼저, 삭제 게이트는 식 13.6과 같이 표현되며, 이를 한마디로 표현하자면 '과거 정보를 잊기' 위한 게이트를 의미한다. σ는 시그모이드 함수를 활성화 함수로 이용하는 것을 의미하며, h_{t-1}과 x_t를 입력받고 삭제 게이트의 출력값 f_t를 계산하기 위해 가중치 W_{xh}^f와 W_{hh}^f를 함께 사용한다. 여기서 얻어지는 결과는 시그모이드 활성화 함수의 출력값이므로 그 범위가 $[0, 1]$로 정해지게 되며, 만약 도출된 값이 0이라면 이전 상태의 정보는 잊고, 1이라면 이전 상태의 정보를 온전히 기억하도록 설계되어 있다.

$$f_t = \sigma\left(W_{xh}^f x_t + W_{hh}^f h_{t-1}\right) \quad \text{(식 13.6)}$$

두 번째로 입력 게이트는 현재 셀에 입력되는 정보를 기억하기 위한 게이트를 의미한다. i_t는 식 13.7과 같이 계산되며, h_{t-1}과 x_t를 입력받아 가중치 W_{xh}^i와 W_{hh}^i를 함께 사용한다. 또한, g_t는 식 13.8을 활용해 계산되고, h_{t-1}과 x_t를 입력받아 가중치 W_{xh}^g와 W_{hh}^g를 함께 사용한다. i_t와 g_t의 합성곱은 C_t의 계산에 활용된다. 여기서 i_t는 현재 정보를 얼마나 살려서 보낼지를 범위 $[0, 1]$로 정의되는 값으로 이해할 수 있고, g_t는 어떤 방향으로 적용시킬 것인지 범위 $[-1, 1]$로 정의되는 값으로 이해할 수 있다.

$$i_t = \sigma\left(W_{xh}^i x_t + W_{hh}^i h_{t-1}\right) \quad \text{(식 13.7)}$$

$$g_t = \tanh\left(W_{xh}^g x_t + W_{hh}^g h_{t-1}\right) \quad \text{(식 13.8)}$$

마지막으로 출력 게이트에서는 다음 셀로 보낼 h_t를 계산하게 된다. 계산 과정에서 식 13.9와 같이 o_t를 계산하여 이용하게 되며, o_t는 h_{t-1} 과 x_t를 입력받아 가중치 W^o_{xh} 와 W^o_{hh} 를 함께 이용하여 정의된다. 또한, 삭제 게이트와 입력 게이트의 출력값을 통해 계산된(식 13.5 참고) C_t를 식 13.10과 같이 활용하여 h_t에도 과거의 정보를 기억할 수 있도록 처리해주도록 한다.

$$o_t = \sigma\left(W^o_{xh}\, x_t + W^o_{hh}\, h_{t-1}\right) \quad \text{(식 13.9)}$$

$$h_t = \tanh\left(o_t \odot C_t\right) \quad \text{(식 13.10)}$$

이렇게 세 가지의 게이트를 이용하는 LSTM은 앞서 가중치 초기화에서 이야기했던 것 같은 기울기 소실(Vanishing Gradient), 기울기 발산(Exploding Gradient) 문제 해결에 도움을 줄 수 있는 역할도 할 수 있다는 장점도 있다[2].

Keras를 통해 LSTM 레이어를 추가하는 코드는 'model.add(LSTM (hidden_units))' 이다. 이를 이용해 간단한 LSTM 레이어를 추가하는 코드는 다음과 같다. 여기서 'input_shape'의 인자는 각각 입력값의 길이와 차원을 의미한다. 앞서 살펴본 RNN과 비교할 때, 모델의 학습해야 할 파라미터가 4배 늘어난 것을 확인할 수 있다.

```
# 필요 라이브러리 로드
from tensorflow.keras.models import Sequential
from tensorflow.keras.layers import LSTM

model = Sequential()
model.add(LSTM(10, input_shape=(5,10)))
model.summary()
```

```
Console Output:
Model: "sequential"

_________________________________________________________________
 Layer (type)                Output Shape              Param #
=================================================================
 lstm (LSTM)                 (None, 10)                840
=================================================================
Total params: 840
Trainable params: 840
Non-trainable params: 0
_________________________________________________________________
```

CHAPTER 14

모델 개발 프로세스

14.1 딥러닝 모델 개발 프로세스 개요

본 챕터에서는 지금까지 학습한 딥러닝 모델 및 다양한 하이퍼파라미터를 이용하여 모델 개발을 수행하는 과정에 대해서 논해보려고 한다. 일반적인 모델의 개발 프로세스는 표 14.1과 같이 다섯 가지 과정으로 구성될 수 있다. 이렇게 습득한 지식을 기반하여 본 챕터에서는 MNIST 데이터를 활용한 개발 과정을 통해 실제 모델 개발 프로세스가 어떻게 진행되는지를 통해 학습하고자 한다.

표 14.1 모델 학습의 여섯가지 과정

Step 1	모델 목표 설정
Step 2	데이터 취득/분석/전처리
Step 3	딥러닝 아키텍쳐 구성
Step 4	학습 결과 분석
Step 5	학습된 모델 개선
Step 6	검증 결과 도출

14.2 모델 목표 설정

모델 개발에서는 가장 먼저 우리가 만들고자 하는 모델의 목표를 설정해야 한다. 토목 구조물 시공 경우에서도 설계가 정확해야 시공의 완성도가 높아질 수 있듯이, 딥러닝 모델의 경우에서도 개발하고자 하는 모델의 목표가 명확해야 개발될 딥러닝 모델이 좋은 성능을 발휘할 수 있도록 개발될 수 있다.

모델 목표 설정에서 가장 중요한 요소로는 "어떤 데이터가 입력되고 어떤 데이터가 출력될 것인지?", "선정된 데이터를 가장 효과적으로 분석할 수 있는 방법은 어떤 형태인지?" 이다. MNIST 데이터 분석의 예로 모델 개발을 가정하여, 모델 개발 프로세스를 적용해보자.

MNIST 데이터 분석에 이를 적용해 보자면, 모델 개발을 통해 얻고자 하는 목표는 **"손 글씨 사진이 입력되었을 때, 해당 사진이 어떤 숫자인지 자동 분류"**하는 것이다. 여기서, 손 글씨 사진 한 장에는 항상 하나의 숫자만 존재한다는 것을 전제한다. 이러한 목적을 생각해볼 때, 가장 적절한 학습방법론은 지도학습 방법이라고 생각할 수 있다. 또한, 개발될 모델을 통해 분류되는 결과값은 **0 부터 9 까지 10개의 클래스로 정의**할 수 있으며, 이는 범주형 변수이다. 이를 고려할 때, 딥러닝 모델은 분류(Classification) 문제를 해결하기 위한 방향으로 학습되어야 한다.

14.3 데이터 취득/분석/전처리

모델의 선정이 완료되었다면 데이터가 필요하게 된다. 데이터의 로드는 그동안 반복해서 학습해왔기 때문에 별다른 설명 없이 아래 코드로 대체하여 넘어가도록 한다. 한편, 딥러닝 모델의 가장 큰 단점 중 하나가 모델이 정의되면 입력 데이터의 형태가 변해서는 안된다는 것이다. 즉, 독립변수로 사용될 데이터는 학습이든 검증이든 동일한 형태로 정의되어야만 한다는 점은 꼭 기억하자.

```
# 라이브러리 로드
from tensorflow import keras
import numpy as np
import matplotlib.pyplot as plt
```

```
## 데이터 로드
(train_X, train_Y),  (test_X, test_Y) = keras.datasets.mnist.load_data()
```

데이터를 딥러닝을 통해 본격적으로 분석하기 전에 데이터의 분석이 적절한지를 직관적으로 확인할 필요가 있다. 다시 말해, 각 변수들 간 상관관계(Correlation), 각 데이터의 그래프, 분포 등을 통해 독립변수 및 종속변수의 선정이 적절한지를 파악할 수 있는 탐색적 자료 분석(Exploratory Data Analysis, EDA) 과정을 수행한다면 딥러닝 분석에 들어갈 여러 노력들을 줄일 수 있는 장점이 있다.

탐색적 자료 분석이란 용어가 생소해 어렵다고 생각할 수 있지만, 전혀 그렇지 않다. 예를 들어, 회귀분석을 수행하기 위한 조건으로는 각 독립변수들은 서로 독립적이고, 정규분포를 따라야하며, 각 독립변수와 종속변수 사이에는 상관관계가 존재해야 한다. 이를 확인하기 위해 탐색적 자료분석을 수행한다고 가정한다면 각 독립변수들의 분포를 그려보고, 독립변수와 종속변수의 그래프를 그려보고, 상관계수를 도출해보는 정도가 될 것이다. 이러한 과정에서, 회귀분석의 조건에 위반되는 독립변수가 존재한다면, 해당 독립변수는 분석에 제외하는 것이 바람직하다.

아래는 MNIST 데이터를 확인해보는 코드이다. 아래 코드와 같이 데이터가 올바른 형태인지 시각화하여 눈으로 확인하는 것도 면밀히 말하자면 탐색적 자료 분석의 한 가지 방법이다. 저자의 경험상 분석을 수행하다보면, 생각 외로 데이터 로드에서부터 잘못되어 분석이 잘 되지 않는 경우들이 종종 있으므로, 이러한 과정이 간단하다고 해서 건너뛰지 말라고 권하고 싶다.

```
# 데이터 확인하기
print('학습 X 데이터 형태 : ', train_X.shape)
print('학습 Y 데이터 형태 : ', train_Y.shape)
print('검증 X 데이터 형태 : ', test_X.shape)
print('검증 Y 데이터 형태 : ', test_Y.shape)

plt.imshow(train_X[0])
plt.show()
print('0번 데이터의 label은 ', train_Y[0])
```

```
Console Output:
학습 X 데이터 형태 : (60000, 28, 28)
학습 Y 데이터 형태 : (60000,)
검증 X 데이터 형태 : (10000, 28, 28)
검증 Y 데이터 형태 : (10000,)
```

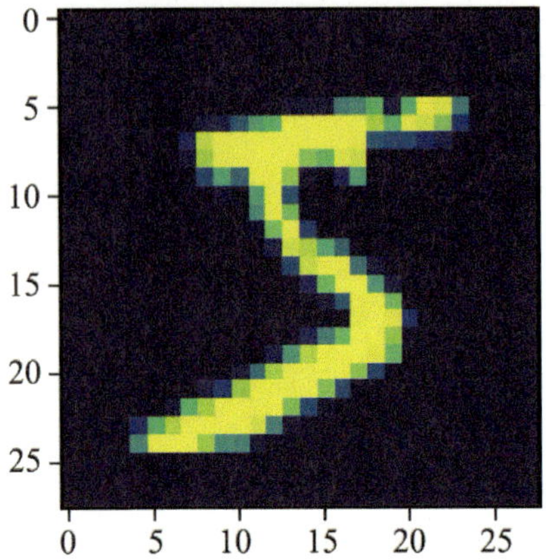


```
0번 데이터의 label은  5
```

또한, MNIST 학습 데이터가 각 클래스별로 적절한 수준의 양을 가지고 있는지 확인할 필요가 있다. 만약 데이터 자체의 수가 충분치 않음과 동시에 클래스별로 학습 데이터의 양이 차이 나는 경우가 있다면, 딥러닝 모델이 특정 클래스 데이터에 편중되어 학습 될 가능성이 있다.

```
# 데이터 histogram 그리기
freq, _ = np.histogram(train_Y)
plt.bar(np.arange(10), freq)
plt.xlabel('class id')
plt.ylabel('frequency')
plt.show()
```

```
Console Output:
```

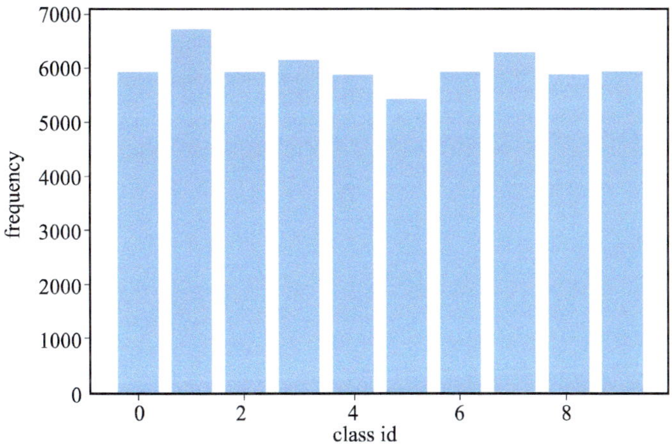

본 챕터에서 예제로 설명하고 있는 MNIST 데이터 셋은 잘 관리된 데이터이기 때문에 결측치가 존재하지는 않지만, 실제 데이터를 분석할 경우, 결측치가 다수 존재하는 경우가 상당하다. 결측치는 제대로 계측되지 않은 데이터를 의미한다. 일반적으로 테이블 형태로 된 데이터 내에 결측치가 존재한다면, 결측치가 포함된 행을 삭제하여 데이터 내 결측치가 없게 하는 것이 보통이다. 한편, 각 데이터들이 시계열적인 특징을 가지고 있다면, 해당 결측치를 보간법을 사용해 보완하여 분석에 활용하기도 한다. 이에 대한 예제는 Part 3에서 다루고 있다.

데이터 분석을 통해 데이터를 어떻게 분석할지 더 명확히 기준을 세웠다면, 마지막으로 데이터를 개발하고자 하는 모델에 적절한 형태로 전처리하는 과정을 수행해야 한다. 아래의 코드는 MNIST 데이터의 독립변수인 이미지를 표준정규화 시키는 과정을 보여주고 있다.

```
# 데이터 전처리
train_X_mean = np.mean(train_X)
train_X_std = np.std(train_X)
train_X = (train_X-train_X_mean)/train_X_std

test_X_mean = np.mean(test_X)
test_X_std = np.std(test_X)
test_X = (test_X-test_X_mean)/test_X_std
```

14.4 딥러닝 아키텍쳐 구성

앞서 데이터가 모두 전처리되어 딥러닝 모델에 사용될 수 있는 형태로 정의되었다면, 딥러닝 모델의 아키텍쳐를 구성하여 딥러닝 모델 개발을 수행할 수 있다. 딥러닝 아키텍쳐를 선정할 때에는 이미 정의한 딥러닝 모델의 목적과 데이터를 고려하여야 한다. 여기서 특히 입력과 출력 데이터의 형태를 제대로 구성할 필요가 있으며, 목적에 맞는 손실함수를 정의해야 한다. 입력과 출력의 형태가 같고, 목적에 맞도록 손실함수가 정의되었다면 모델 내부 은닉층에 어떤 형태의 네트워크가 사용되던지에 관계없이 목적에 알맞은 모델로 개발되게 된다. 즉, 모델 성능과 학습 과정에서의 차이는 발생할 수 있겠지만, 그림 14.1과 같은 DNN을 활용하든지, 14.2와 같은 CNN을 활용하든지 입력값과 출력값, 손실 값이 같게 정의되어 있다면 두 모델은 같은 목적으로 학습될 것이다.

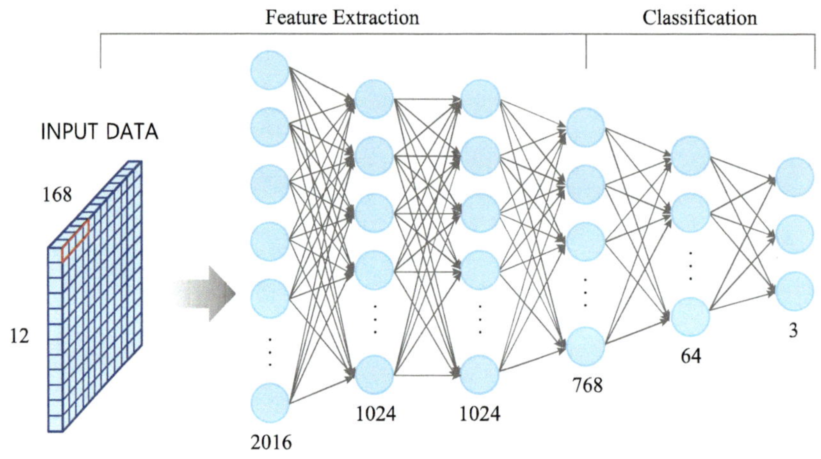

그림 14.1 DNN 모델의 예[3]

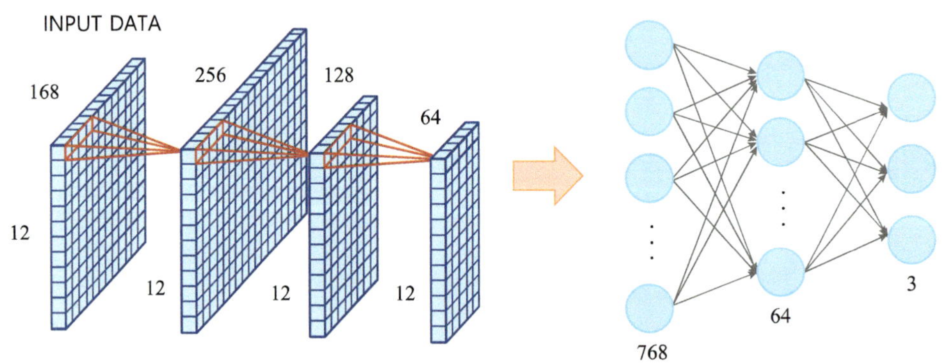

그림 14.2 CNN 모델의 예[3]

본 MNIST 예제에서는 Part 2에서 학습한 다양한 하이퍼파라미터들을 활용해 은닉층이 1개인 간단한 인공신경망을 모델로써 개발하였다. 개발에 사용된 코드는 다음과 같다.

```
# 딥러닝 모델 아키텍쳐 정의
model = keras.Sequential()
model.add(keras.layers.Flatten(input_shape=(28,28)))
model.add(keras.layers.Dense(128))
model.add(keras.layers.LeakyReLU(alpha=0.1))
model.add(keras.layers.BatchNormalization())
model.add(keras.layers.Dropout(0.2))
model.add(keras.layers.Dense(10, activation='softmax'))

# 모델 컴파일
model.compile(optimizer= 'adam', loss='sparse_categorical_crossentropy',
metrics=['accuracy'])

# 모델 요약 확인
model.summary()
```

```
Console Output:
Model: "sequential"

_________________________________________________________________
 Layer (type)                Output Shape              Param #
=================================================================
 flatten_1 (Flatten)         (None, 784)               0

 dense_2 (Dense)             (None, 128)               100480

 leaky_re_lu (LeakyReLU)     (None, 128)               0

 batch_normalization_1 (Batc  (None, 128)              512
 hNormalization)

 dropout_1 (Dropout)         (None, 128)               0

 dense_3 (Dense)             (None, 10)                1290
```

```
=================================================================
Total params: 102,282
Trainable params: 102,026
Non-trainable params: 256
_________________________________________________________________
```

14.5 학습 결과 분석 및 모델 개선

정의된 딥러닝 모델의 학습을 진행한다. 모델을 학습하는 과정에서 너무 많은 에폭의 학습을 수행하게 되면, 학습 데이터에 대한 과대적합이 생길 수 있다. 이를 위해 드롭 아웃등의 정규화(Regularization)를 모델에 적용하더라도, 계속해서 검증 데이터로 학습하다보면 해당 모델이 검증 데이터만 잘 맞출 수 있는 모델로 개발될 확률이 있다. 즉, 알려지지 않은(Unknown) 상태의 모수에도 잘 작동되는 모델인지를 판별하기 위해서, 검증 데이터는 분석 중 오로지 한 번만 사용되어야 한다.

그렇다면, 계속해서 학습된 모델의 정확도를 높일 수 있는 기준이 될 수 있는 새로운 검증 데이터가 필요하게 되는데, 이 때 사용되는 방법이 바로 밸리데이션이다. 밸리데이션을 사용하게 되면, 검증 데이터를 사용하지 않고도, 학습의 성과를 계속적으로 확인할 수 있도록 해주고, 특히, 학습되고 있는 모델의 과대적합 여부를 확인할 수 있도록 해준다. 밸리데이션은 학습 데이터의 일부를 검증 데이터 셋처럼 활용하고, 밸리데이션 셋을 가장 잘 분석할 수 있는 모델을 찾아내도록 도움을 준다.

다음의 코드에서는 'fit()' 모듈의 'validation_split' 인자를 통해 학습하는 동시에 밸리데이션을 수행할 수 있도록 만든 코드를 보여주고 있다. 코드에서처럼 0.2를 사용하게 되면, 학습 데이터 중 20%의 데이터를 랜덤하게 추출해 밸리데이션에 활용하라는 의미이다. 이렇게 밸리데이션을 수행하게 되면, 결과값에 'val_loss'와 'val_accuracy'가 함께 나타나는 것을 확인할 수 있다.

```
# 모델 학습 수행
model.fit(train_X, train_Y, validation_split=0.2, epochs=5)
```

```
Console Output:
Epoch 1/5
1500/1500 [==============================] - 7s 4ms/step - loss: 0.3402 -
accuracy: 0.8983 - val_loss: 0.1833 - val_accuracy: 0.9477
Epoch 2/5
1500/1500 [==============================] - 6s 4ms/step - loss: 0.2040 -
accuracy: 0.9390 - val_loss: 0.1440 - val_accuracy: 0.9584
Epoch 3/5
1500/1500 [==============================] - 6s 4ms/step - loss: 0.1652 -
accuracy: 0.9492 - val_loss: 0.1462 - val_accuracy: 0.9563
Epoch 4/5
1500/1500 [==============================] - 6s 4ms/step - loss: 0.1490 -
accuracy: 0.9551 - val_loss: 0.1096 - val_accuracy: 0.9682
Epoch 5/5
1500/1500 [==============================] - 6s 4ms/step - loss: 0.1334 -
accuracy: 0.9584 - val_loss: 0.1042 - val_accuracy: 0.9703
```

학습이 잘 되고 있는지의 여부는, 학습 데이터 셋 및 밸리데이션 셋으로 얻을 수 있는 에폭에 따른 손실 및 정확도의 변화 그래프를 활용한다. 그림 14.3은 일반적인 모델 학습에 있어, 학습 에폭이 증가할 때 나타나는 학습 및 밸리데이션의 정확도 그래프 변화의 모습을 보여준다.

그림 14.3을 살펴보면 학습 초기에 학습 정확도와 밸리데이션 정확도는 가장 좋은 성능을 낼 수 있는 단계까지 같은 경향으로 증가하는 모습을 보인다. 이후 학습 정확도는 계속해서 증가하지만 밸리데이션 정확도는 반대의 경향으로 감소하는 모습을 볼 수 있는데, 이는 딥러닝 모델이 학습 데이터에 과대적합되어 나타나는 현상이다. 따라서 딥러닝 모델의 최대 성능을 발휘하도록 설계하기 위해 딥러닝 모델의 학습은 학습 데이터에 과대적합되기 전에 멈추도록 설계해야만 한다.

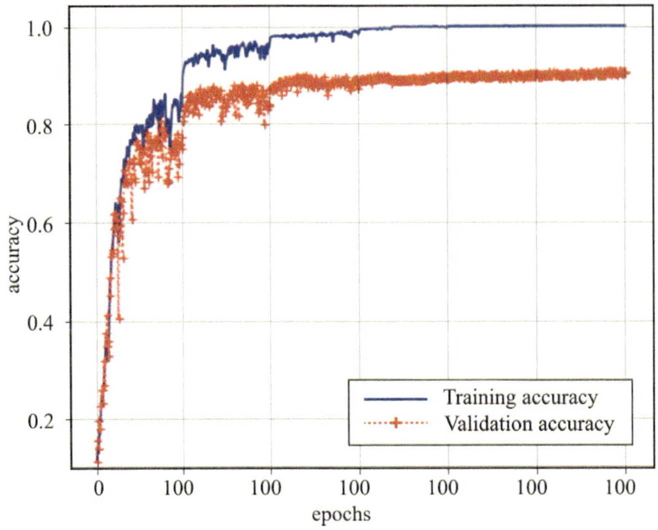

그림 14.3 일반적인 Training 및 Validation Accuracy의 개형

또한 앞서 서술하였듯이, 밸리데이션 데이터 셋은 학습에 이용되지 않은 데이터로 이루어져 있으며 검증 데이터 셋과 동일한 방법으로 진행된다. 따라서 학습 데이터 셋에 과대적합되지 않았으며 밸리데이션 정확도가 가장 높을 때의 학습모델을 최종 모델로 선정하는 것이 일반적이다.

또한, 학습이 잘 되고 있는지는 손실 그래프를 통해 확인할 수 있는데, 손실 그래프는 모델과 데이터, 하이퍼파라미터 등에 따라 상당히 다른 형태로 나타날 수 있다. 한 예로, 그림 14.4에서 보는 것 같이 초기의 손실이 줄지 않다가 많은 횟수의 학습이 진행되어야 줄어드는 형태의 그래프가 나타날 수 있는데 이는 보통 초기화(Initialization)가 제대로 되지 않아 생긴 문제일 가능성이 높다. 앞서 살펴본 예와 함께 그림 14.4을 바라볼 때, 손실함수는 학습 수행에 대한 다양한 정보를 담고 있음을 알 수 있다. 이러한 결과를 고려할 때, 어떤 하이퍼파라미터를 개선하면 딥러닝 모델의 성능을 높일 수 있을지 찾아낼 수 있다. 모델 학습의 과정에서는 이렇게 하이퍼파라미터를 개선하고 모델의 정확도를 높이는 다수의 반복적인 학습 과정을 수행하는 미세조정(Fine-Tuning) 과정을 수행하게 된다.

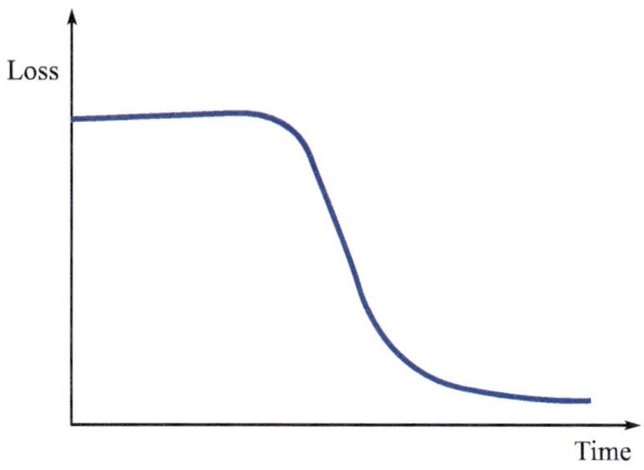

그림 14.4 초기에 수렴된 Loss 함수의 예

Keras 프레임워크에서는 학습 에폭에 따른 손실과 정확도(Accuracy)의 변화를 'callback' 기능을 통해 제공하고 있는데, 간단하게 'fit()' 모듈 실행 코드를 아래와 같이 변수에 저장해주면 실행과 동시에 해당 변수에 학습 에폭에 따른 손실과 정확도의 변화를 저장하여 준다. 또한 밸리데이션을 이용할 때의 결과도 저장해주고 있음을 확인할 수 있다.

```
# 모델 학습 수행
hist = model.fit(train_X, train_Y, batch_size=256,
                 validation_split=0.2, epochs=50)
print(hist.history.keys())
```

```
Console Output:
Epoch 1/5
....
생략
....

dict_keys(['loss', 'accuracy', 'val_loss', 'val_accuracy'])
```

CHAPTER 14 _ 모델 개발 프로세스

14.6 검증 결과 도출

분류 문제의 해결을 위해선 일반적으로 혼동행렬(Confusion Matrix)를 이용하게 된다. 혼동행렬은 머신러닝 분류 모델의 성능을 시각화 할 수 있는 행렬을 말한다. 혼동 행렬은 그림 14.5와 같이 행렬의 각 행은 예측된 클래스, 각 열은 실제 클래스로 구성되어 있다. Positive와 Negative는 예측한 결과를 참 혹은 거짓으로 나타내는 것이고, 예측된 결과가 옳다면 True, 옳지 않다면 False로 구분된다. 모델의 예측 결과에 따라 그 성능 인자가 네 가지로 구분될 수 있다.

교량 내 손상이 있는지 없는지 구분할 수 있는 분류기가 존재한다고 가정하고, 이를 예를 들어 혼동행렬을 이해해보자. 혼동행렬의 성능인자를 표현하게 되면, 교량에 손상이 실제로 존재했을 때, 딥러닝 모델이 교량에 손상이 존재한다고 예측했다면 True Positive (TP), 손상이 존재하지 않는다고 예측했다면 False Negative (FN)이고, 교량에 손상이 존재하지 않을 때, 딥러닝 모델이 교량에 손상이 존재한다고 예측했다면 False Positive (FP), 손상이 존재하지 않는다고 예측했다면 True Negative (TN)가 된다.

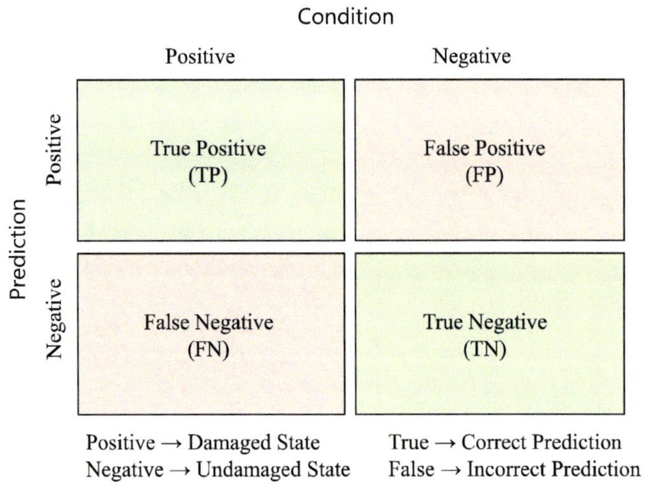

그림 14.5 Confusion Matrix

앞서 학습된 모델을 통해 검증 데이터 셋을 검증해본 결과의 혼동행렬은 다음과 같은 코드로 확인할 수 있다. 본 실습에서는 scikit-learn 라이브러리의 'metrics' 모듈을 활용하였다. 한편 모델의 'predict()' 모듈은 종속변수를 각 클래스별 확률값으로 나타내게 되므로, 검증 데이터 셋의 원래 형태인 0 ~ 9 사이의 정수값으로 종속변수를 바꿔주어야 한다. 'np.argmax()' 함수를 통해 예측된 확률값 중 가장 큰 값을 가지는 인덱스를 추출하여 종속변수를 변화시켰다.

```
# 모델 예측값 0~9 정수값으로 표현
pred_Y = model.predict(test_X)
pred_Y = np.argmax(pred_Y,axis=1)

# confusion matrix 그리기
from sklearn.metrics import confusion_matrix

confusion = confusion_matrix(test_Y, pred_Y)
print('Confusion Matrix')
print(confusion)
```

```
Console Output:
Confusion Matrix
[[ 971    0    1    1    1    1    3    1    1    0]
 [   0 1127    4    0    0    0    2    0    2    0]
 [   2    2 1013    0    1    0    2    8    3    1]
 [   0    1    3  987    0    7    0    8    2    2]
 [   2    0    3    1  956    0    4    4    1   11]
 [   2    0    0    4    1  871    5    5    1    3]
 [   6    3    3    0    5    5  936    0    0    0]
 [   1    9    8    1    2    0    0 1001    1    5]
 [   4    2    4    4    7    4    4    3  939    3]
 [   3    3    1    5   10    5    0    7    0  975]]
```

이러한 혼동행렬을 통해 모델의 전반적 성능을 표현할 수 있는 지수는 정확도이며, 식 14.1로 나타낼 수 있다.

$$Accuracy = \frac{TN+TP}{All\,Predictions} = \frac{TN+TP}{TN+FP+FN+TP} \qquad (식\ 14.1)$$

물론 앞서 구한 혼동행렬과 식 14.1을 이용해 정확도를 구할 수 있겠지만, Keras 프레임워크에서는 'evaluate()' 모듈을 활용해 아래와 같은 코드처럼 학습된 모델의 정확도와 손실값을 확인할 수 있는 기능을 제공하고 있다. 아래의 코드는 MNIST의 예제 코드에서는 Keras의 'evaluate()' 모듈을 활용해 정확도와 손실값을 확인한 결과이다.

```
# 모델 정확도 도출
test_loss, test_accuracy = model.evaluate(test_X, test_Y)
print('test accuracy는 ',test_accuracy)
print('test loss는 ',test_loss)
```

```
Console Output:
313/313 [==============================] - 2s 5ms/step - loss: 0.0921 -
accuracy: 0.9776
test accuracy는  0.9775999784469604
test loss는  0.09210535883903503
```

한편, 정확도가 높다고 무조건적으로 완벽한 모델은 아니며, 모델의 개발 목적에 따라 다양한 니즈를 제대로 반영하도록 해야한다. 예를 들어, 개발된 손상 추정 딥러닝 모델을 활용해 교량의 손상 추정을 실제로 수행한다고 가정해보자. 일어날 수 있는 가장 위험한 상황은 교량의 상태는 손상이 있는 경우에도 모델이 손상이 없다고 예측하는 FN의 결과이며, 상대적으로 그 반대 오류인 FP는 받아들일 수 있는 오류이다. 즉, 손상 추정 모델에서는 전체 예측 결과 중 FN의 비율을 뜻하는 FN Rate (FNR)가 상당히 중요한 인자임을 알 수 있으며, 식 14.2를 통해 계산할 수 있다. 그 반대의 경우는 FP Rate (FPR)로 나타내며 식 14.3과 같이 계산한다.

$$FNR = \frac{FN}{All\,Predictions} = \frac{FN}{TN + FP + FN + TP} \quad \text{(식 14.2)}$$

$$FPR = \frac{FP}{All\,Predictions} = \frac{FP}{TN + FP + FN + TP} \quad \text{(식 14.3)}$$

F1 점수(F1-Score)를 계산하기 위해 사용되는 정밀도(Precision)와 재현율(Recall) 또한 분류 결과를 다각화하여 보여준다. 교량 손상 추정의 예로 생각하면, 정밀도는 실제 손상이 포함된 교량에서 모델이 얼마나 정확하게 응답하고 있는지를 보여주며, 재현성은 모델이 정확한 결과를 내놓은 모든 경우 중 실제 교량의 손상이 존재할 때의 비율을 보여준다.

한편, 검증에 이용된 데이터 셋 내 클래스별 데이터 개수가 다르다면, 정확도는 데이터의 개수가 많은 클래스의 검증결과에 편향될 우려가 있다. 따라서, 검증 데이터 내 클래스별 데이터의 개수가 다를 때에는, 정확도와 함께 F1 점수를 확인하여, 모델의 성능을 검증한다. F1 점수는 식 14.4과 같이 계산할 수 있으며, 식 14.4는 식 14.5, 14.6의 정밀도 및 재현율을 활용한다.

$$F_1\,score = 2 \times \frac{Precision \times Recall}{Precision + Recall} \quad \text{(식 14.4)}$$

$$Precision = \frac{TP}{FP + TP} \quad \text{(식 14.5)}$$

$$Recall = \frac{TN}{TN + FN} \quad \text{(식 14.6)}$$

MNIST의 분석 예제에서는 데이터의 분포가 클래스별로 동등한 수준으로 나타나 정확도 수치로도 모델을 평가할 수 있지만, 딥러닝 모델 개발 학습을 위해서 F1 점수를 구하는 코드를 아래와 같이 구성하여 활용할 수 있다.

```
# 모델 F1-Score 도출
f1_s = f1_score(test_Y, pred_Y, average='micro')
print('F1-score: ', f1_s)
```

```
Console Output:
F1-score: 0.9776
```

다음의 코드는 본 실습에서 활용한 전체 코드를 보여준다.

Chapter14_model_development_process.ipynb

```
# 라이브러리 로드
from tensorflow import keras
import numpy as np
import matplotlib.pyplot as plt
from sklearn.metrics import confusion_matrix
from sklearn.metrics import f1_score

## 데이터 로드
(train_X, train_Y), (test_X, test_Y) = keras.datasets.mnist.load_data()

# 데이터 확인하기
print('학습 X 데이터 형태 : ', train_X.shape)
print('학습 Y 데이터 형태 : ', train_Y.shape)
print('검증 X 데이터 형태 : ', test_X.shape)
print('검증 Y 데이터 형태 : ', test_Y.shape)

plt.imshow(train_X[0])
plt.show()
print('0번 데이터의 label은 ', train_Y[0])

# 데이터 histrogram 그리기
freq, _ = np.histogram(train_Y)
plt.bar(np.arange(10), freq)
plt.xlabel('class id')
plt.ylabel('frequency')
plt.show()

# 데이터 전처리
train_X_mean = np.mean(train_X)
train_X_std = np.std(train_X)
train_X = (train_X-train_X_mean)/train_X_std

test_X_mean = np.mean(test_X)
```

```
test_X_std = np.std(test_X)
test_X = (test_X-test_X_mean)/test_X_std

# 딥러닝 모델 아키텍쳐 정의
model = keras.Sequential()
model.add(keras.layers.Flatten(input_shape=(28,28)))
model.add(keras.layers.Dense(128))
model.add(keras.layers.LeakyReLU(alpha=0.1))
model.add(keras.layers.BatchNormalization())
model.add(keras.layers.Dropout(0.2))
model.add(keras.layers.Dense(10, activation='softmax'))

# 모델 컴파일
model.compile(optimizer= 'adam', loss='sparse_categorical_crossentropy',
metrics=['accuracy'])

# 모델 요약 확인
model.summary()

# 모델 학습 수행
hist = model.fit(train_X, train_Y, batch_size=256, validation_split=0.2,
epochs=50)
print(hist.history.keys())

# 모델 검증 수행
# 정확도 도출
test_loss, test_accuracy = model.evaluate(test_X, test_Y)
print('test accuracy는 ',test_accuracy)
print('test loss는 ',test_loss)

# 모델 예측값 0~9 정수값으로 표현
pred_Y = model.predict(test_X)
pred_Y = np.argmax(pred_Y,axis=1)

# confusion matrix 그리기
confusion = confusion_matrix(test_Y, pred_Y)
```

```
print('Confusion Matrix')
print(confusion)

# 모델 F1-Score 도출
f1_s = f1_score(test_Y, pred_Y, average='micro')
print('F1-score: ', f1_s)
```

PART 3

Applications of Deep Learning

DEEP LEARNING

CHAPTER 15

고성능 콘크리트 성능 예측

15.1 고성능 콘크리트 성능 예측 개요

본 실습에서는 회귀분석 모델의 개발을 통해 딥러닝 모델 개발 과정을 체험해보고자 하였다. 모델 개발 과정에 사용된 데이터는 Yeh (1998)의 논문[1] "Modeling of Strength of High Performance Concrete Using Artificial Neural Networks"에서 고성능 콘크리트(High-Performance Concrete)의 압축강도 예측에 사용했었던 데이터를 활용하고 있다. 특히, 데이터 셋 내에 잦은 빈도로 출현될 수 있는 결측값에 대한 이해와 결측값이 포함된 데이터 분석의 과정을 학습하기 위하여 본 책에서 다루는 데이터 셋을 약간 수정하여, 기존 데이터 셋[2]에는 포함되지 않았던 결측값을 인위적으로 추가하였다.

15.2 모델 목표 설정

Yeh (1998) 논문에서는 고성능 콘크리트 성능 예측에 필요성을 다음과 같이 서술하였다. "고성능 콘크리트의 고성능 콘크리트는 콘크리트 건설산업에 있어, 고층 빌딩의 시공에서와 같이 고강도의 콘크리트가 특별하게 필요할 때 사용하게 된다. 고성능 콘크리트의 배합에서는 기존 콘크리트의 세 가지 기본 배합 재료들인 포틀랜드 시멘트, 물, 골재(굵은 골재 및 잔골재) 외, 플라이애시, 고로슬래그, 화학 혼합물 등의 다양한 혼합 재료를 배합해야 한다. 기존 콘크리트와 비교해 볼 때, 다양한 재료가 배합되어 고성능 콘크리트의 성능을 좌우되며, 재료들과 압축강도는 비선형적인 관계를 가지게 되므로 고성능 콘크리트의 압축강도를 예측할 수 있는 모델링은 생각보다 쉽지 않은 작업이다.” 즉, 다양한 재료 배합에 따른 고성능 콘크리트의 강도 예측이 가능하다면 임의의 구조물 시공에 필요한 강도를 갖춘 고강도 콘크리트를 만들 수 있다는 말이다.

저자의 논문에서 주목할 부분은 다음과 같다. **“... 고성능 콘크리트의 배합에서는 기존 콘크리트의 세 가지 기본 배합 재료들인 포틀랜드 물, 시멘트, 골재 외, 플라이애시, 고로슬래그, 화학 혼합물 등의 다양한 혼합 재료를 배합해야 한다. ...”**. 여기서 고강도 콘크리트 압축강도의 성능은 재료를 어떻게 배합하는지에 따라서 바뀌게 된다는 것을 유추할 수 있다. 즉, 본 실습의 목적은 “다양한 재료 배합에 따른 고강도 콘크리트 압축강도 성능의 예측”으로 명확하게 정의할 수 있다.

여기서 다양한 재료 배합은 어떤 재료로 이루어지는지 생각해볼 필요가 있으며, 앞서 주목해야한다고 서술한 문구를 통해 독립변수 x_k와 종속변수 y로 정의할 수 있다. 이를 표 15.1과 같이 정의할 수 있다. 우리가 예측해야하는 변수는 종속변수 y로, 고성능 콘크리트의 압축강도가 된다. 독립변수 x_k로는 물, 시멘트, 골재(굵은 골재 및 잔골재), 플라이애시, 고로슬래그, 화학 혼합물의 양으로 정의될 것이다. 그 외에도, 압축강도에 큰 영향을 줄 수 있는 독립변수로 콘크리트 양생 일수가 포함될 수 있다.

표 15.1 독립변수 및 종속변수 정의

변수 명	변수 종류
시멘트	독립변수
고로슬래그	
플라이애시	
물	
화학혼합물	
굵은 골재	
잔 골재	
양생일수	
콘크리트 압축강도	종속변수

여기서, 독립변수 및 종속변수 데이터들이 가진 특성에 대해 생각해보자. 독립변수로 들어갈 수 있는 데이터들은 배합에 사용되는 재료들의 양을 나타내는 변수일 것이다. 양을 나타내는 변수는 숫자로 표현된 연속형 변수이며, 0 이상의 숫자를 가지고 있어야 할 것이다. 종속변수의 경우에도 역시 압축강도의 크기를 나타내야 하므로 숫자로 표현된 연속형 변수로 만들어야 할 것이며, 이 또한 독립변수의 경우와 같이 0 이상

의 숫자를 가지도록 세팅되어야 할 것이다. 특히, 양생일수와 압축강도는 그림 15.1에서 보는 것과 같은 영향이 존재한다. 일반적으로 28일 이상 기간 양생된 콘크리트는 그 강도 증가의 변화율이 28일 이전 기간 양생된 콘크리트와는 다른 양상을 보이고 있으므로, 양생일수가 28일 이상일 때와 28일 미만일 때로 나누어 생각해볼 수 있다. 이렇게 나뉜 양생일수는 두 개의 카테고리로 이루어진 범주형 변수로 생각될 수 있다. 표 15.2는 이러한 변수의 특성을 기록한 내용을 한눈에 보여주고 있다.

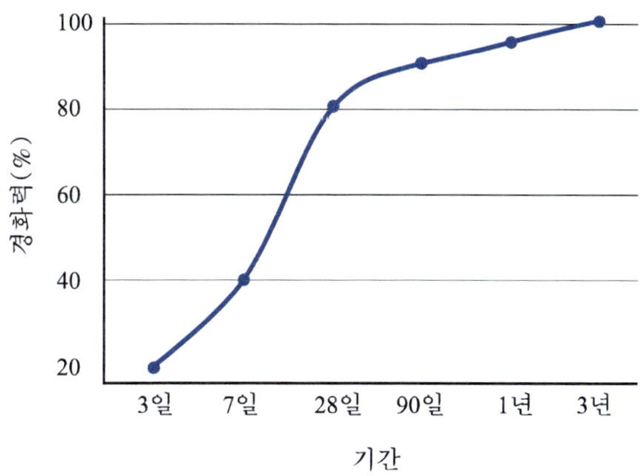

그림 15.1 콘크리트 강도와 기간의 상관관계

표 15.2 변수의 통계적 특성에 따른 변수 분류

변수 명	통계적 변수 분류	단위
시멘트	연속형 변수	kg/m^3
고로슬래그		
플라이애시		
물		
화학혼합물		
굵은 골재		
잔 골재		
양생일수	범주형 변수	Day
콘크리트 압축강도	연속형 변수	MPa

이렇게 하나의 연속형 변수로 구성된 종속변수를 예측하기 위한 문제는 회귀(Regression) 모델이 해결할 수 있다. 앞서 저자가 이야기한 내용 **"... 재료들과 압축강도는 비선형적인 관계를 가지게 되므로 ..."** 을 다시 생각해보자면, 재료들과 압축강도가 보이는 비선형적인 관계를 잘 분석할 수 있는 모델로 개발 되어야 할 것이다. 비선형적인 관계를 잘 분석할 수 있는 대표적인 모델이 바로 인공신경망이므로, 본 실습에서도 인공신경망을 이용한 회귀모델을 사용할 수 있을 것으로 판단된다.

15.3 데이터 취득/분석/전처리

앞서 정의한 모델 개발의 목적을 충분히 고려해 모델을 학습할 수 있는 적절한 데이터를 수집해야 한다. 실제 표 15.1, 15.2의 특성을 따르는 데이터를 얻기 위해선, 다양한 배합의 재료를 통해 만든 고성능 콘크리트를 만들고, 이를 통해 압축강도 테스트를 수행하는 실험을 진행해야 할 것이다. 우리도 이와 같은 테스트를 1,030번 수행해 그림 15.2와 같이 데이터를 취득했다고 가정해보자. 그림 15.2는 엑셀에 정리된 테이블 형태의 1,030개의 데이터를 보여주고 있다.

	A	B	C	D	E	F	G	H	I
1	component 1	component 2	component 3	component 4	component 5	component 6	component 7	component 8	component 9
2	540	0	0	162	2.5	1040	676	28	79.99
3	540	0	0	162	2.5	1055	676	28	61.89
4	332.5		0	228	0	932	594	270	40.27
5	332.5	142.5	0	228	0	932	594	365	41.05
6	198.6	132.4	0	192	0	978.4	825.5	360	44.3
7	266	114	0	228	0	932	670	90	47.03
8	380	95	0	228	0	932	594	365	43.7
9	380	95	0	228	0	932	594	28	36.45
10	266	114	0	228	0		670	28	45.85
11	475	0	0	228	0	932	594	28	39.29
12	198.6	132.4	0	192	0	978.4	825.5	90	38.07
13	198.6	132.4	0	192	0	978.4	825.5	28	28.02
14	427.5	47.5	0	228	0	932	594	270	43.01
15	190	190	0	228	0	932	670	90	42.33
16	304	76	0	228	0	932	670	28	47.81
17	380	0	0	228	0	932	670	90	52.91
18	139.6	209.4	0	192	0	1047	806.9	90	39.36
19	342	38	0	228	0	932	670	365	56.14
20	380	95	0	228	0	932	594	90	40.56
21	475	0	0	228	0	932	594	180	42.62
22	427.5	47.5	0	228	0	932	594	180	41.84
23	139.6	209.4	0	192	0	1047	806.9	28	28.24
24	139.6	209.4	0	192	0	1047	806.9	3	8.06
25	139.6	209.4	0	192	0	1047	806.9	180	44.21
26	380	0	0	228	0	932	670	365	52.52
27	380	0	0	228	0	932	670	270	53.3
28	380	95	0	228	0	932	594	270	41.15
29	342	38	0	228	0	932	670	180	52.12
30	427.5	47.5	0	228	0	932	594	28	37.43

그림 15.2 실습에서 이용할 데이터 현황

일반적으로 파이썬에서 데이터를 다루기 위해 자주 사용되는 라이브러리는 NumPy와 Pandas이다. 특히, 테이블 형태의 데이터에서 각 열별로 다양한 특성을 지니는 경우에는, Pandas가 제공하는 데이터 프레임(Data Frame)형 데이터를 사용할 수 있다. Pandas를 이용해 데이터를 로드하는 코드는 다음과 같다.

```
# Pandas 라이브러리 로드
import pandas as pd

# 파이썬을 통해 데이터 셋을 인터넷에서 다운받아서 활용할 수 있음
column_names = ['Cement','Blast Furnace Slag','Fly Ash',
                'Water', 'Superplasticizer', 'Coarse Aggregate',
                'Fine Aggregate','Age','Compressive Strength']
concrete_dataset = pd.read_csv('content/drive/MyDrive/00.책_script/
                               Concrete_Data_na.csv', header=0, names=
                               column_names)
print(concrete_dataset.head())
```

Console Output:

	Cement	Blast Furnace Slag	Fly Ash	Water	Superplasticizer	Coarse Aggregate	Fine Aggregate	Age	Compressive Strength
0	540.0	0.0	0.0	162.0	2.5	1040.0	676.0	28.0	79.99
1	540.0	0.0	0.0	162.0	2.5	1055.0	676.0	28.0	61.89
2	332.5	NaN	0.0	228.0	0.0	932.0	594.0	270.0	40.27
3	332.5	142.5	0.0	228.0	0.0	932.0	594.0	365.0	41.05
4	198.6	132.4	0.0	192.0	0.0	978.4	825.5	360.0	44.30
...	...	...	...	...	...	...	...	...	...
1025	276.4	116.0	90.3	179.6	8.9	870.1	768.3	28.0	44.28
1026	322.2	0.0	115.6	196.0	10.4	817.9	813.4	28.0	31.18
1027	148.5	139.4	108.6	192.7	6.1	892.4	780.0	28.0	23.70
1028	159.1	186.7	0.0	175.6	11.3	989.6	788.9	28.0	32.77
1029	260.9	100.5	78.3	200.6	8.6	864.5	761.5	28.0	32.40

1030 rows × 9 columns

데이터가 로드되었다면, 취득된 데이터의 결함이 없는지를 파악해보자. 앞선 코드에서 얻은 결과에서도 그림 15.3과 같이 'NaN'으로 표현된 결측치가 존재하고 있음을 확인할 수 있다. 앞서 챕터 14에서 서술한 바와 같이, 이러한 결측치는 보통 삭제하여 데이터를 전처리하거나, 보간법을 통해 데이터를 생성하여 분석에 활용하곤 한다. 본 실습에서는 결측치를 제거하여 분석을 진행한다.

	Cement	Blast Furnace Slag	Fly Ash	Water
0	540.0	0.0	0.0	162.0
1	540.0	0.0	0.0	162.0
2	332.5	NaN	0.0	228.0
3	332.5	142.5	0.0	228.0
4	198.6	132.4	0.0	192.0

그림 15.3 실습에서 이용할 데이터 현황

결측치를 제거하기 앞서, 본 데이터에 얼마나 많은 결측치가 존재하는지 확인해보자. Pandas 라이브러리에서는 'isna()' 모듈을 통해 결측치가 존재하는지를 확인할 수 있도록 도와준다. 여기서 'isna()' 모듈만 사용하게 된다면, 데이터 프레임 내 모든 요소들이 결측치인지 아닌지를 True, False로 나타내 표현하므로, 결측치가 얼마나 많은지 확인하기가 쉽지 않다. 따라서, 'sum()' 모듈을 함께 활용하여, 각 변수별 결측치가 몇 개나 존재하는지 한눈에 확인하도록 한다. 이러한 결과를 통해 전체 1,030개의 데이터 중, 14곳 데이터에서 결측치가 존재함을 확인할 수 있다.

```
# missing value 체크 (보통 nan, na, null 로 표현)
print(concrete_dataset.isna().sum())
```

```
Console Output:
Cement 1
Blast Furnace Slag 3
Fly Ash 1
Water 2
Superplasticizer 1
Coarse Aggregate 2
Fine Aggregate 0
Age 2
Compressive Strength 2
dtype: int64
```

결측치를 제거하기 위해서 Pandas의 'dropna()' 모듈을 이용해 볼 수 있다. 'dropna()' 모듈을 사용할 경우, 데이터 내 존재하는 결측치를 모두 제거할 수 있으며 제거된 데이터의 개수는 1030개에서 1,016개로 변했음을 확인할 수 있다.

```
# 결측값이 들어가있는 행을 모두 삭제
concrete_dataset = concrete_dataset.dropna()

# missing value 체크 (보통 nan, na, null 로 표현)
print(concrete_dataset.isna().sum())

print("데이터 총 개수는 : ", len(concrete_dataset))
```

```
Console Output:
Cement 0
Blast Furnace Slag 0
Fly Ash 0
Water 0
Superplasticizer 0
Coarse Aggregate 0
Fine Aggregate 0
Age 0
Compressive Strength 0
dtype: int64
데이터 총 개수는 : 1016
```

앞선 모델 목표 정의 단계에서 양생일수에 대해서만 범주형 변수로 해석하는 것으로 정의한 바 있다. 일반적으로 범주형 변수는 통계학에서 더미변수로 이용하는 것처럼 사용될 수 있는데, 이를 표현하기 위한 기술적인 방법으로 양생일수의 데이터를 28일 이상(Old)과 28일 미만(Young)의 두 개 열로 나누어 분석을 수행할 수 있다. 이에 따라, 데이터 프레임 내 'Age' 열이 28 이상일 경우, 데이터 프레임에 'Old' 열에 1, 'Young' 열에 0을 입력하고, 'Age' 열이 28 미만일 경우, 데이터 프레임에 'Young' 열에 1, 'Old' 열에 0을 입력해 사용한다.

Pandas의 'pop()' 모듈을 이용할 경우, 인자로 들어간 이름에 해당하는 데이터 열을 찾아 떼어내도록 한다. 아래 코드에서는 떼어낸 열을 age 변수에 저장하고 있는데, 이때 기존 데이터 셋에서는 더 이상 'Age'열이 존재하지 않게 되는 것을 유념해야 한다. 기존 Pandas 데이터 프레임에서 새로운 데이터 열을 추가하기 위해선 "데이터 프레임명['열 이름']"과 같이 선언해주면 된다. 아래 코드를 통해 'Age'열이 'Young'과 'Old' 열로 바뀐 것을 확인할 수 있다.

```
# 데이터 셋의 Age 열을 떼어 age 변수에 저장
age = concrete_dataset.pop('Age')

# dataset에 새로운 열을 추가
concrete_dataset['Young'] = (age < 28)*1.0
concrete_dataset['Old'] = (age >= 28)*1.0
print(concrete_dataset.tail())
```

Console Output:

	Cement	Blast Furnace Slag	Fly Ash	Water	Superplasticizer	Coarse Aggregate	Fine Aggregate	Compressive Strength	Young	Old
1025	276.4	116.0	90.3	179.6	8.9	870.1	768.3	44.28	0.0	1.0
1026	322.2	0.0	115.6	196.0	10.4	817.9	813.4	31.18	0.0	1.0
1027	148.5	139.4	108.6	192.7	6.1	892.4	780.0	23.70	0.0	1.0
1028	159.1	186.7	0.0	175.6	11.3	989.6	788.9	32.77	0.0	1.0
1029	260.9	100.5	78.3	200.6	8.6	864.5	761.5	32.40	0.0	1.0

또한, 데이터가 분석에 적합한 데이터인지, 본격적인 딥러닝 분석 전 이를 파악해 보고자 하였다. 이때, 독립변수 및 종속변수간의 상관관계를 분석하고 분석 결과를 시각적으로 표현할 수 있는 라이브러리인 'Seaborn'을 이용할 수 있다.

명령어 앞에 '!'를 붙이게 되면, 해당 명령어를 OS 상에서 실행하라는 의미이다. 'pip'는 파이썬 라이브러리를 관리해주는 하나의 프로그램으로 생각할 수 있으며, 파이썬 내에서 라이브러리를 설치하길 원한다면, '!pip install [라이브러리명]'의 명령어를 활용한다.

```
# 상관분석 행렬을 그리기 위해 seaborn 패키지를 설치하고 각 변수별 상관도 확인
!pip install seaborn
import seaborn as sns
```

여기서, 각 변수를 짝지어 분석하는 쌍대비교를 수행하기 위해서, 'pairplot()' 모듈을 사용할 수 있다. 본 분석에서는 독립변수인 시멘트, 물과 종속변수인 압축강도에 대한 쌍대비교를 수행해 보았다. 결과에서 볼 수 있듯이, 압축강도와 시멘트, 물은 서로 경향성을 보이고 있음을 확인할 수 있었으며, 독립변수 간에는 이렇다할 경향성은 보이고 있지 않음을 확인할 수 있다. 따라서, 회귀분석의 데이터로써 시멘트, 물, 압축강도는 바람직하게 선택되었음을 시각적으로 확인할 수 있다.

```
# 변수별 쌍대비교 차트 그리기
sns.pairplot(concrete_dataset[['Cement', 'Water','Compressive
                              Strength']], diag_kind="kde")
```

Console Output:

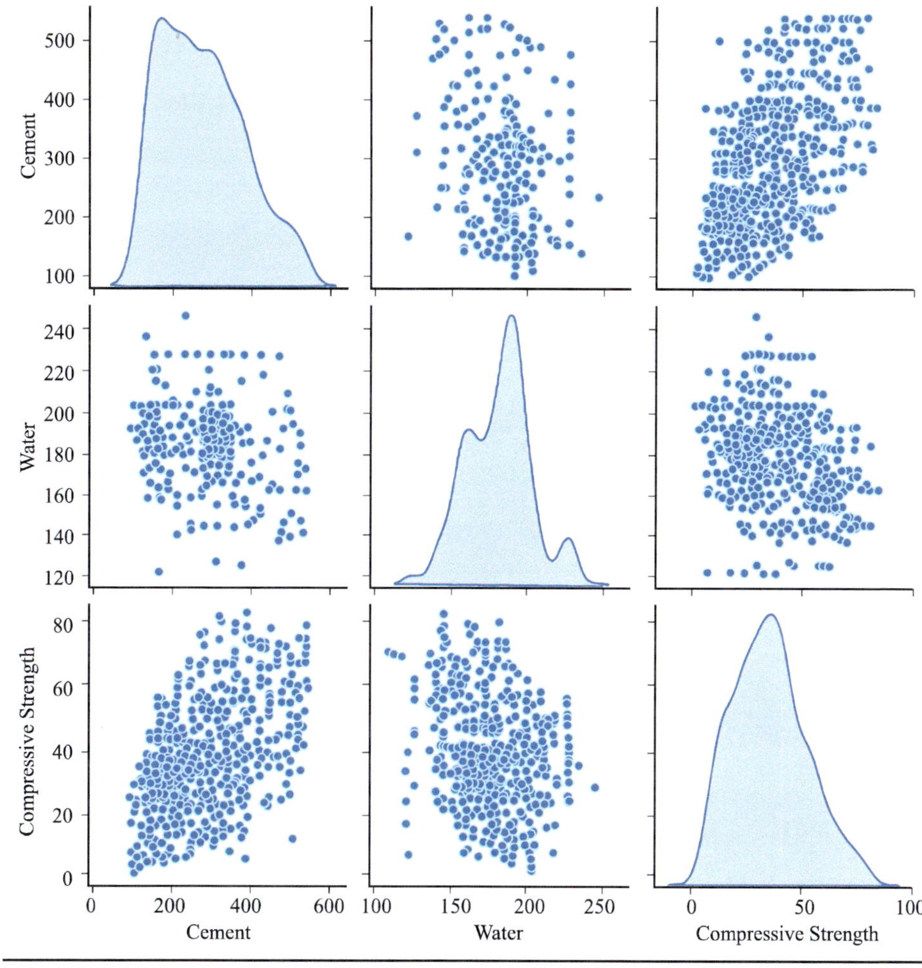

또한, 통계량을 확인해보자. 통계량은 평균, 표준편차와 같은 변수가 가지고 있는 통계적 특성을 말한다. 데이터 프레임 형식의 데이터를 이용할 경우, 'describe()' 모듈을 이용해 통계량을 쉽게 얻어낼 수 있다(그림 15.4 참고). 아래 코드를 통해 얻은 결과를 통해 데이터를 일부 분석해보자면 시멘트 변수의 경우, 최솟값이 약 104로 나타났으므로, 모든 배합의 경우에서 시멘트는 필수적임을 알 수 있다.

또한, 플라이애시 변수의 경우, 중간값이 0으로 나타남을 확인할 수 있는데, 이는 1,016개의 데이터 중 절반 이상에 플라이애시가 들어가지 않음을 확인할 수 있다. 즉, 본 데이터는 플라이애시가 없을 때의 데이터가 더 많다는 것을 확인할 수 있는데, 어쩌면, 플라이애시가 있을 때는 플라이애시가 없을 때의 검증결과보다 정확도가 떨어질 우려도 생각해 볼 수 있다. 이를 제거하기 위해선 플라이애시가 있을 때와 없을 때의 데이터를 나누어 모델을 개발해 보는 것도 하나의 방법일 수 있다. 여기서 변수를 지우거나 모델을 두 개로 만드는 등의 방법은 분석자의 마음에 따라서 결정되는 사항이다.

	Cement	Blast Furnace Slag	Fly Ash	Water	Superplasticizer
count	1016.000000	1016.000000	1016.000000	1016.000000	1016.000000
mean	281.063681	73.847933	54.291142	181.399902	6.211713
std	104.841974	86.356716	64.099187	21.294077	5.986863
min	102.000000	0.000000	0.000000	121.800000	0.000000
25%	192.000000	0.000000	0.000000	164.900000	0.000000
50%	272.800000	22.000000	0.000000	185.000000	6.400000
75%	351.250000	143.000000	118.300000	192.000000	10.200000
max	540.000000	359.400000	200.100000	247.000000	32.200000

그림 15.4 데이터를 통해 얻은 통계량 정보

```
# 데이터가 가진 통계량 확인
statistics = concrete_dataset.describe()
print(statistics)
```

Console Output:

	Cement	Blast Furnace Slag	Fly Ash	Water	Superplasticizer	Coarse Aggregate	Fine Aggregate	Compressive Strength	Young	Old
count	1016.000000	1016.000000	1016.000000	1016.000000	1016.000000	1016.000000	1016.000000	1016.000000	1016.000000	1016.000000
mean	281.063681	73.847933	54.291142	181.399902	6.211713	973.530413	773.650098	35.797018	0.313976	0.686024
std	104.841974	86.356716	64.099187	21.294077	5.986863	77.772162	80.013355	16.754415	0.464335	0.464335
min	102.000000	0.000000	0.000000	121.800000	0.000000	801.000000	594.000000	2.330000	0.000000	0.000000
25%	192.000000	0.000000	0.000000	164.900000	0.000000	932.000000	730.300000	23.610000	0.000000	0.000000
50%	272.800000	22.000000	0.000000	185.000000	6.400000	968.000000	779.500000	34.445000	0.000000	1.000000
75%	351.250000	143.000000	118.300000	192.000000	10.200000	1030.000000	824.000000	46.230000	1.000000	1.000000
max	540.000000	359.400000	200.100000	247.000000	32.200000	1145.000000	992.600000	82.600000	1.000000	1.000000

본 실습에서는 학습과 검증 데이터 셋을 8:2의 비율로 나누어 학습 및 검증을 수행하도록 하였다. 데이터 프레임으로부터 특정 비율의 표본을 무작위로 추출하기위해서는 'frac' 인자를 사용하고, 'frac' 값으로는 0~1 사이의 값을 사용하도록 한다. 여기서 'random_state' 인자는 무작위 추출의 seed 값으로 활용되는 것으로, 어떤 환경에서도 동일한 결과가 나올 수 있도록 해준다. 따라서, 생략해도 무방하다.

데이터 프레임으로 구성되어 있는 데이터 셋들은 독립변수와 종속변수가 함께 들어있기 때문에, 'pop()' 모듈을 이용해 각 변수 데이터 셋을 나누도록 하였으며, 입력 데이터로 활용되는 독립변수들의 경우 가우시안 정규화를 수행하도록 하였다. 이러한 정규화는 학습 및 검증 데이터에 모두 동일한 방법으로 적용되어야만 한다.

```
# 학습 및 검증 데이터 셋 8:2의 비율로 나누기
train_dataset = concrete_dataset.sample(frac=0.8,random_state=0)
test_dataset = concrete_dataset.drop(train_dataset.index)

# 독립변수와 종속변수 데이터 셋 나누기
train_labels = train_dataset.pop('Compressive Strength')
test_labels = test_dataset.pop('Compressive Strength')

# 독립변수 Gaussian Normalization 수행
normed_train_data = (train_dataset -
                    train_dataset.mean())/train_dataset.std()
normed_test_data = (test_dataset -
                   test_dataset.mean())/test_dataset.std()
```

15.4 딥러닝 아키텍쳐 구성

고성능 콘크리트의 예에서는 그림 15.5과 같이 두 개의 은닉층을 가지는 인공신경망 네트워크를 개발해보도록 한다. 입력 데이터의 노드 수는 9개이며, 회귀분석 문제이기 때문에 출력 데이터의 노드 수는 1개가 정의되어야 한다. 또한 은닉층들의 노드 개수는 각각 256, 64개로 정의하였다. 손실함수로는 MSE를 활용하도록 한다. 특히, 우리가 얻어낼 출력 데이터인 압축강도는 0보다 큰 양수로 이루어져있으므로, 출력층에 양수만 나타날 수 있도록 ReLU 함수를 활성화 함수로써 함께 적용하도록 하였다.

최적화 기법(Optimizer)으로는 Adam 최적화 기법을 사용하도록 했으며, 학습 수행 정도를 확인하기 위해 MAE와 MSE 두 값을 모두 사용하고자 하였다. 또한, 학습의 효율을 높이기 위하여, 드롭 아웃과 배치 정규화를 모델에 추가하여 함께 사용하였다.

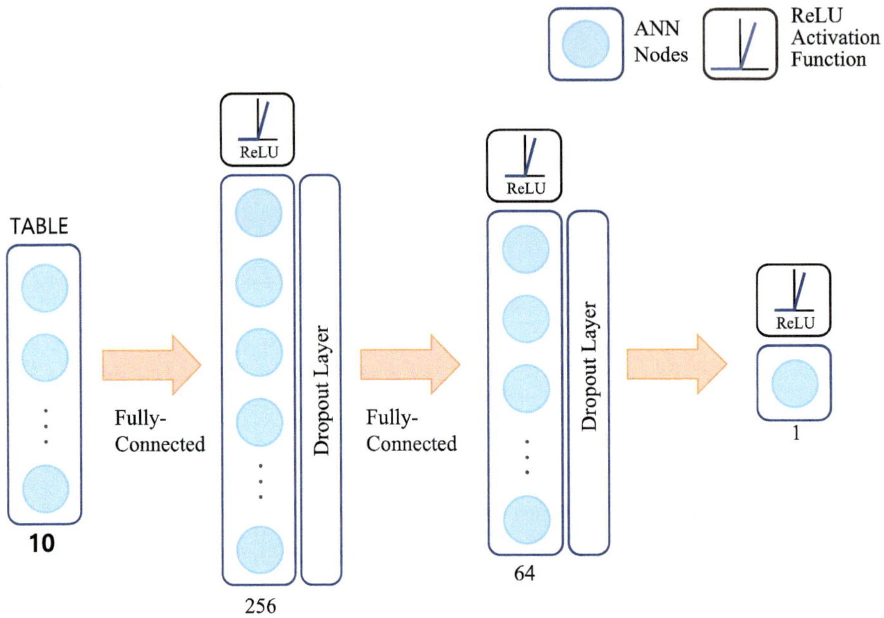

그림 15.5 실습을 통해 개발할 딥러닝 네트워크 아키텍쳐

```
# 모델 개발
model = keras.Sequential(
    [layers.Dense(256, acivation='relu', input_shape=[len(train_
                 dataset.keys())]),
     layers.Dropout(0.5),
     layers.Dense(64, activation='relu'),
     layers.BatchNormalization(),
     layers.Dense(1, activation='relu')])

model.compile(loss='mse',optimizer='adam',metrics=['mae', 'mse'])
model.summary()
```

```
Console Output:
Model: "sequential“
_________________________________________________________________ Layer
(type)  Output Shape  Param #
================================================================= dense_1
(Dense) (None, 256)   2560
dropout (Dense) (None, 256)   0
dense_2 (Dense) (None, 64)    16448
bat...  (Bat..) (None, 64)    256
dense_3 (Dense) (None, 1)     65
=================================================================Total
params: 19,329
Trainable params: 19,201
Non-trainable params: 128
_________________________________________________________________
```

15.5 학습 결과 분석 및 모델 개선

모델의 학습은 Keras의 'fit()' 모듈을 이용하여 수행하는데, 여기서 'fit()' 모듈의 결과를 아래의 코드와 같이 변수에 저장하게 되면, 학습 에폭이 늘어남에 따라 얻을 수 있는 손실을 포함한 몇몇 결과들을 저장할 수 있게 된다. 여기서 결과값은 모델 개발 시 'compile()' 모듈에서 선언한 'metric' 인자에 정의된 'mse'와 'mae'다. 또한 밸리데이션을 함께 이용하기 때문에, 결과 내에는 'val_mse'와 'val_mae'가 포함된다. 이를 데이터 프레임 형태로 구성해 본다면 아래 코드의 결과를 얻어낼 수 있다.

```
# 모델 학습 수행
history = model.fit(normed_train_data, train_labels,
                    epochs=600, validation_split = 0.2,
                    verbose=0)

# 모델 학습 결과 확인
hist = pd.DataFrame(history.history)
hist['epoch'] = history.epoch
```

```
print(hist.tail())
```

Console Output:

	loss	mae	mse	val_loss	val_mae	val_mse	epoch
595	36.402157	4.719185	36.402157	46.157440	5.044052	46.157440	595
596	34.089794	4.591289	34.089794	47.670120	5.169677	47.670120	596
597	40.686253	5.040471	40.686253	48.396664	5.173821	48.396664	597
598	30.438572	4.309158	30.438572	44.825359	5.041689	44.825359	598
599	33.461941	4.590421	33.461941	45.609924	5.018065	45.609924	599

학습된 모델이 잘 학습되었는지는 'history' 변수에 저장되어 있는 학습 및 밸리데이션 손실 그래프를 도출해 확인할 수 있다. 코드 실행 결과를 통해 그려진 MSE 그래프를 확인해보면, 전반적으로 MSE 손실이 잘 수렴하고 있음을 확인할 수 있으며, 약 300 에폭부터 학습과 밸리데이션 MSE 손실이 점차 벌어지고 있음을 확인할 수 있으므로, 이때부터 과대적합이 시작되고 있음을 짐작할 수 있다.

한편, 일반적인 손실함수의 그래프를 그려보면 밸리데이션 데이터 셋으로 도출된 손실이 학습 데이터 셋으로 도출된 손실보다 크게 나타나는데, 본 실습에서의 약 Epoch 300 이전의 학습에서는 그 반대의 결과가 나타났다. 이러한 상황은 종종 나타날 수 있는 경우이며, 이러한 현상이 나타나는 이유는 드롭 아웃의 사용에 따라 나타난 경우로 해석할 수 있다. 즉, 드롭 아웃이 사용되지 않는 검증(Validation)에서는 드롭 아웃으로 인해 생긴 정규화 손실(Regularization Loss)이 반영되지 않았을 수 있다. 또 다른 이유로는, 학습 손실은 각 에폭의 학습 도중에 계산되지만, 검증은 에폭 후에 계산되기 때문일 수 있다.

또한, 손실값의 수렴이 한 번 나타나지 않고, 계단 형태로 여러번 나타나고 있음을 확인할 수 있다. 이는 최적화 과정 중 국부적 최소점(Local Minimum)에 빠졌다가 돌아와 나타나는 현상으로 볼 수 있다. 하지만, 이렇게 손실함수가 나타나게 되면, 첫 번째 혹은 두 번째 계단이 나타났을 때 분석자는 현재 모델의 학습이 수렴되었고, 학습이 완료되었다고 착각할 수 있다. 하지만 이러한 경우도 자주 일어나는 손실함수의 그래프이니 기억할 필요가 있다.

```
# matplotlib 라이브러리 로드
import matplotlib.pyplot as plt

# MSE 그래프 출력
plt.xlabel('Epoch')
plt.ylabel('Mean Square Error')
plt.plot(hist['epoch'], hist['mse'], label='Train Error')
plt.plot(hist['epoch'], hist['val_mse'], label = 'Val Error')
plt.legend()
plt.show()
```

Console Output:

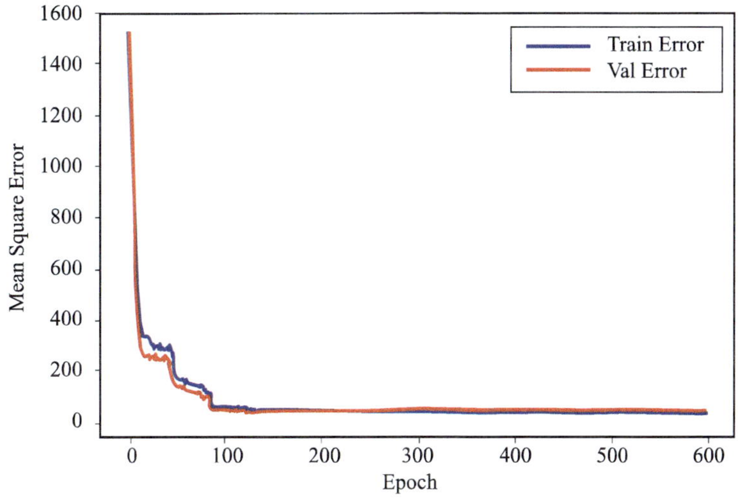

15.6 검증 결과 도출

검증 결과를 도출하는 코드는 Part 1에서 학습한 것과 같이 비교적 단순하다. Keras에서 제공하는 'evaluate()' 모듈을 활용하면 되며, 검증 데이터 셋을 활용해 수행하면 된다. 본 실습에서는 평균 5.9 MPa의 MAE 손실이 기록되었다. 평균이 35.8 MPa, 표준편차가 16.75 MPa인 고성능 콘크리트의 압축 강도를 고려할 때, 5.9 MPa의 MAE는 허용할만한 수준의 예측 오차라고 판단할 수 있을 것이다.

```
# 검증 결과 도출
loss, mae, mse = model.evaluate(normed_test_data, test_labels,
                                 verbose=2)

print("테스트 세트의 평균 절대 오차: {:5.2f} MPa".format(mae))
```

```
Console Output:
7/7 - 0s - loss: 58.0110 - mae: 5.9569 - mse: 58.0110
- 37ms/epoch - 5ms/step테스트 세트의 평균 절대 오차: 5.96 MPa
```

본 챕터에서 다뤄본 실습의 전체 코드는 아래와 같다.

Chapter15_DNN_regression_application.ipynb

```
import matplotlib.pyplot as plt
import pandas as pd
import tensorflow as tf
from tensorflow import keras
from tensorflow.keras import layers
import seaborn as sns

# 파이썬을 통해 데이터 셋을 인터넷에서 다운받아서 활용할 수 있음
column_names = ['Cement','Blast Furnace Slag','Fly Ash',
                'Water', 'Superplasticizer', 'Coarse Aggregate',
                'Fine Aggregate','Age','Compressive Strength']
concrete_dataset = pd.read_csv('/content/drive/MyDrive/00.책_script/
                               Concrete_Data_na.csv', header=0,
                               names=column_names)
print(concrete_dataset.head())

# missing value 체크 (보통 nan, na, null 로 표현)
print(concrete_dataset.isna().sum())

# 결측값이 들어가있는 행을 모두 삭제
concrete_dataset = concrete_dataset.dropna()
```

```
# missing value 체크 (보통 nan, na, null 로 표현)
print(concrete_dataset.isna().sum())
print("데이터 총 개수는 : ", len(concrete_dataset))

# 데이터 셋의 Age 열을 떼어 age 변수에 저장
age = concrete_dataset.pop('Age')

# dataset에 새로운 열을 추가
concrete_dataset['Young'] = (age < 28)*1.0
concrete_dataset['Old'] = (age >= 28)*1.0
print(concrete_dataset.tail())

# 변수별 쌍대비교 차트 그리기
sns.pairplot(concrete_dataset[['Cement', 'Water','Compressive
                              Strength']], diag_kind="kde")

# 데이터가 가진 통계량 확인
statistics = concrete_dataset.describe()
print(statistics)

# 학습 및 검증 데이터 셋 8:2의 비율로 나누기
train_dataset = concrete_dataset.sample(frac=0.8,random_state=0)
test_dataset = concrete_dataset.drop(train_dataset.index)

# 독립변수와 종속변수 데이터 셋 나누기
train_labels = train_dataset.pop('Compressive Strength')
test_labels = test_dataset.pop('Compressive Strength')

# 독립변수 Gaussian Normalization 수행
normed_train_data = (train_dataset -
                    train_dataset.mean())/train_dataset.std()
normed_test_data = (test_dataset -
                   test_dataset.mean())/test_dataset.std()

# 모델 개발
model = keras.Sequential(
```

```
    [layers.Dense(256, acivation='relu', input_shape=[len(train_
                  dataset.keys())]),
     layers.Dropout(0.5),
     layers.Dense(64, activation='relu'),
     layers.BatchNormalization(),
     layers.Dense(1, activation='relu')])

model.compile(loss='mse',optimizer='adam',metrics=['mae', ‘mse'])
model.summary()

# 모델 학습 수행
history = model.fit(normed_train_data, train_labels,
                    epochs=600, validation_split = 0.2,
                    verbose=0)

# 모델 학습 결과 확인
hist = pd.DataFrame(history.history)
hist['epoch'] = history.epoch
print(hist.tail())

# MSE 그래프 출력
plt.xlabel('Epoch')
plt.ylabel('Mean Square Error')
plt.plot(hist['epoch'], hist['mse'], label='Train Error')
plt.plot(hist['epoch'], hist['val_mse'], label = 'Val Error')
plt.legend()
plt.show()



# 검증 결과 도출
loss, mae, mse = model.evaluate(normed_test_data, test_labels,
                                verbose=2)

print("테스트 세트의 평균 절대 오차: {:5.2f} MPa".format(mae))
```

CHAPTER 16

실내 현장 중소형 공구 이미지 분류기 개발

16.1 실내 현장 중소형 공구 분류기 개발 개요

본 실습에서는 CNN 모델을 기반한 딥러닝 모델 개발 과정을 체험해보고자 하였다. 모델 개발 과정에 사용된 데이터는 본 저자가 속한 연구팀이 연구하였던 Lee et al. (2023) "Object Detection for Small Sized Tools in Indoor Construction Site Using YOLOv5" 논문[1]에서 사용한 이미지 데이터[2]를 활용하고 있다.

건설업은 많은 자원들이 제한된 공간에서 동시에 투입되며 시간의 흐름에 따라 많은 정보들이 발생하고 지속적으로 변화하는 특성을 지닌다. 또한 실내 건설 현장에는 근로자들의 안전을 위협할 수 있는 손상될 가능성이 높거나 손상된 뒤 방치되어 눈에 잘 띄지 않는 건설공구 등이 존재한다. 그리고 실내 공사가 지속적으로 증가함에 따라, 공사 중 또는 공사 후 건축물 실내 공간에서 발생하는 각종 안전사고에 대한 우려도 함께 가중되는 상황이다.

일반적으로 작업자의 안전을 위협할 수 있는 위험요소의 발견은 안전관리자의 시각적 판단을 기준으로 한다. 하지만, 안전관리자의 인원수는 한정적이며, 안전관리자의 역량 또한 불균형하기 때문에 건설현장의 모든 위험요소를 제대 발견하기는 쉽지 않다.

하지만, 현재까지 건설현장을 위한 객체인식 기술은 중장비나 근로자 등 한정적인 대상과 안전모의 착용 유무를 확인하는 특정한 상황에 대해서 연구가 이루어져 왔다. 즉, 실내 건설 현장에서 근로자의 안전을 위협할 수 있는 중소형 사물의 객체인식 기술에 대한 연구는 수행되지 않았다. 따라서, 해당 논문에서는 실내 건설 현장의 위험요소로 방치된 중소형 사물을 실시간으로 검출가능한 딥러닝 기반 이미지 처리 기술의 개발이 필요하다.

16.2 모델 목표 설정

이러한 필요성을 바탕으로 본 실습에서는 CNN을 활용한 중소형 공구의 인식을 위한 이미지 분류기를 개발하고자 한다. 실내 건설현장에 적합한 딥러닝 기반 중소형 사물 이미지 분류기 개발을 위해서 Lee et al. (2023)는 건설공사 표준품셈[3] 및 공사 표준시방서[4]를 참고하여, 다수 공종에 공통적으로 쓰이는 중소형 사물 12가지를 선정하고 데이터를 구축하였다. 해당 중소형 사물은 그림 16.1과 같다.

그림 16.1 이미지 분류기 개발을 위한 데이터 예

특히, 이미지 분류 대상이 되는 12가지의 중소형 사물들의 양질의 이미지 데이터베이스를 구축할 필요가 있다. 따라서 [1]의 연구에서는 실제 건설현장을 비롯하여 12개의 사물이 나타날 수 있을 법한 공간을 배경으로 중소형 사물에 대한 데이터베이스가 구축되었다.

그림 16.2 촬영된 다양한 배경의 이미지 예

16.3 개발 실습 코드 및 상세 내용

1 먼저 데이터 분석에 필요한 여러 라이브러리들을 로드한다. 본 챕터의 분석에서는 CNN 네트워크를 활용하고 있으므로 Keras의 'Layers' 클래스 중 CNN과 관련된 모듈을 주로 import하여 활용한다.

```
# 라이브러리 로드
from keras.models import Sequential
from keras.layers import Dropout, Activation, Dense, Flatten from
keras.layers import Convolution2D, MaxPooling2D
from keras.layers import BatchNormalization
import matplotlib.pyplot as plt
import numpy as np
```

2 분석에 들어가기 앞서 제공된 데이터를 활용하기 위해선 구글 드라이브를 마운트시켜 활용해야 한다. 아래의 코드를 실행하면 본인의 계정을 구글 드라이브에 연동시켜 활용할 수 있다. 자세한 내용은 Appendix 챕터 설명으로 대체한다.

```
# 구글 드라이브 계정과 연동
from google.colab import drive
drive.mount('/content/drive')
```

```
Console Output:
Drive already mounted at /content/drive; to attempt to forcibly remount,
call drive.mount("/content/drive", force_remount=True).
```

3 'conv_img_data_set.npy' 데이터는 학습용 이미지와 라벨 데이터, 검증 이미지와 라벨 데이터로 이루어져 있으며, 학습 및 검증 데이터는 각각 26,480개 이미지, 11,349개 이미지를 포함한다. 아래 코드 실행 결과에서 볼 수 있듯이, 각 이미지는 32×32×3의 해상도를 가지며, 이미지의 라벨 데이터는 원-핫 벡터 형태로 이루어져 있다. 본 실습에서는 이미지 데이터의 픽셀값이 0~1 사이의 값을 가질 수 있도록 255로 나누어 정규화하여 이용하였다. 데이터가 이미 정규화 된 상태이므로 본 실습에서는 따로 데이터 정규화의 코드를 작성할 필요는 없다.

데이터를 로드할 때, 'conv_img_data_set.npy' 데이터가 위치한 경로를 np.load() 코드에 입력시켜 활용할 수 있다. 일반적으로 다음과 같은 경로('/content/drive/MyDrive/[구글 드라이브 내 경로]') 이루어진다.

```
# 데이터 로드
X_train, X_test, Y_train, Y_test = np.load('/content/drive/MyDrive/00.
                                           책_script/conv_img_data_set
                                           .npy', allow_pickle=True)

# 로드된 데이터 이미지 및 Shape 확인
plt.imshow(X_train[15])
print('이미지 매트릭스의 형태는 ', X_train.shape)

# 라벨 데이터 확인
print('Class의 개수는 ', len(Y_train[15]))
print(Y_train[15])
```

```
Console Output:
이미지 매트릭스의 형태는  (26480, 32, 32, 3)
```

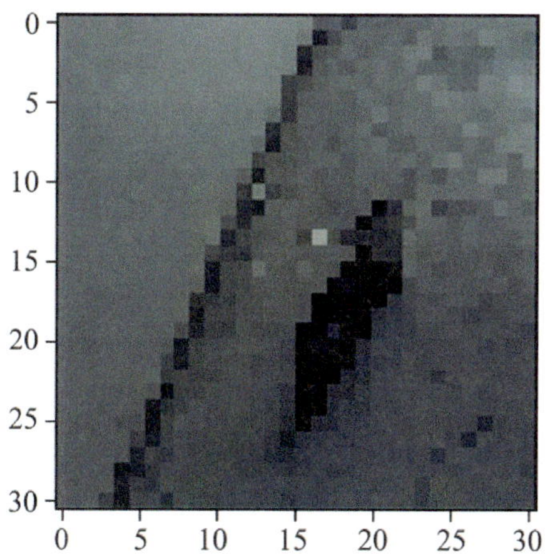

```
Class의 개수는 12
[0 0 0 0 0 0 0 0 0 1 0 0]
```

16.4 딥러닝 아키텍쳐 구성

데이터를 준비한 뒤, 아래의 코드와 같이 모델 아키텍쳐를 구성하였다. 모델 아키텍쳐는 6개의 합성곱 레이어, 3개의 최댓값 풀링 레이어(Max Pooling Layer)를 포함하고 있으며, 드롭 아웃 레이어와 배치 정규화 레이어도 적절히 포함하도록 설계하였다.

```
# 모델 아키텍쳐 개발
model = Sequential()
model.add(Convolution2D(32,(3,3),padding='same',input_shape=(32,32,3)))
model.add(Activation('relu'))
model.add(MaxPooling2D(pool_size=(2, 2)))
model.add(Dropout(0.25))

model.add(Convolution2D(32,(3,3),padding='same'))
model.add(Activation('relu'))
model.add(MaxPooling2D(pool_size=(2,2)))

model.add(Convolution2D(64, (3,3), padding = 'same'))
model.add(Activation('relu'))
model.add(Dropout(0.2))

model.add(Convolution2D(64, (3,3), padding = 'same'))
model.add(Activation('relu'))
model.add(MaxPooling2D(pool_size=(2,2)))

model.add(Convolution2D(128, (3,3), padding = 'same'))
model.add(Activation('relu'))
model.add(Dropout(0.2))

model.add(Convolution2D(128, (3,3), padding = 'same'))
model.add(Activation('relu'))
model.add(Flatten())
model.add(BatchNormalization())

model.add(Dense(128, activation = 'relu'))
model.add(Dropout(0.25))
```

```
model.add(Dense(12,activation = 'softmax'))

# 모델 아키텍쳐 요약해 확인
model.summary()
```

```
Console Output:
Model: "sequential"
_________________________________________________________________
 Layer (type)                Output Shape              Param #
=================================================================
 conv2d (Conv2D)             (None, 32, 32, 32)        896

 activation (Activation)     (None, 32, 32, 32)        0

 max_pooling2d (MaxPooling2D  (None, 16, 16, 32)       0
 )

 dropout (Dropout)           (None, 16, 16, 32)        0

 conv2d_1 (Conv2D)           (None, 16, 16, 32)        9248

 activation_1 (Activation)   (None, 16, 16, 32)        0

 max_pooling2d_1 (MaxPooling  (None, 8, 8, 32)         0
 2D)

 conv2d_2 (Conv2D)           (None, 8, 8, 64)          18496

 activation_2 (Activation)   (None, 8, 8, 64)          0

 dropout_1 (Dropout)         (None, 8, 8, 64)          0

 conv2d_3 (Conv2D)           (None, 8, 8, 64)          36928

 activation_3 (Activation)   (None, 8, 8, 64)          0

 max_pooling2d_2 (MaxPooling  (None, 4, 4, 64)         0
 2D)
```

```
conv2d_4 (Conv2D)           (None, 4, 4, 128)         73856

activation_4 (Activation)   (None, 4, 4, 128)         0

dropout_2 (Dropout)         (None, 4, 4, 128)         0

conv2d_5 (Conv2D)           (None, 4, 4, 128)         147584

activation_5 (Activation)   (None, 4, 4, 128)         0

flatten (Flatten)           (None, 2048)              0

batch_normalization (BatchN  (None, 2048)             8192
ormalization)

dense (Dense)               (None, 128)               262272

dropout_3 (Dropout)         (None, 128)               0

dense_1 (Dense)             (None, 12)                1548

=================================================================
Total params: 559,020
Trainable params: 554,924
Non-trainable params: 4,096
_________________________________________________________________
```

라벨 데이터가 원-핫 벡터 형태로 이루어졌기 때문에, 모델 컴파일 시, 손실함수로 범주형 교차 엔트로피를 활용하게 된다. (참고: Keras에서 제공하는 MNIST 데이터의 분석에서는 라벨 데이터 벡터의 각 요소값들이 클래스 숫자로 표현되기 때문에 희소 범주형 교차 엔트로피를 사용하게 된다.)

```
# 모델 컴파일
model.compile(loss='categorical_crossentropy',optimizer='adam',metrics=['acc
uracy'])
```

16.5 학습 결과 분석

구성된 모델을 활용하여 모델 학습을 수행한다. 모델 학습에서는 'batch_size'를 256으로 활용하였고, 100회 학습하도록 코드를 구성하였다. 또한 학습 데이터의 20%를 밸리데이션 데이터로 활용하여 밸리데이션 손실과 정확도를 얻도록 하였으며, 결과는 'hist' 변수에 저장된다.

```
# 모델 학습 수행
hist = model.fit(X_train, Y_train, batch_size=256,
                 validation_split=0.2, epochs=100)
```

```
Console Output:
Epoch 1/100
83/83 [==============================] - 7s 23ms/step - loss: 2.1744 -
accuracy: 0.2175 - val_loss: 2.3309 - val_accuracy: 0.1892
Epoch 2/100
83/83 [==============================] - 1s 14ms/step - loss: 1.8150 -
accuracy: 0.3337 - val_loss: 2.2702 - val_accuracy: 0.2243

...

Epoch 99/100
83/83 [==============================] - 1s 14ms/step - loss: 0.1875 -
accuracy: 0.9310 - val_loss: 1.0466 - val_accuracy: 0.7687
Epoch 100/100
83/83 [==============================] - 1s 14ms/step - loss: 0.1968 -
accuracy: 0.9267 - val_loss: 1.0782 - val_accuracy: 0.7598
```

'hist' 변수에 저장된 학습 데이터의 손실과 밸리데이션 데이터의 손실의 에폭에 따른 변화를 그래프로 확인하면 아래 결과창에 나타난 그림과 같다. 전반적으로 두 손실 그래프는 잘 수렴하고 있음을 확인할 수 있다. 한편, 그림에서 약 15 에폭 학습 이후 학습 데이터의 손실과 밸리데이션 데이터의 손실이 형성하는 갭이 커지고 있음을 확인할 수 있으므로, 15 에폭 학습을 수행한 모델을 사용하는 것이 가장 바람직한 선택지로 보여진다.

```
# 모델 학습 과정 확인
train_loss = hist.history['loss']
val_loss = hist.history['val_loss']

plt.plot(np.arange(len(train_loss)), train_loss, color='red',
         label='train')
plt.plot(np.arange(len(val_loss)), val_loss, color='blue', label='val')
plt.xlabel('epoch')
plt.ylabel('loss')
plt.legend(loc='best')
plt.show()
```

Console Output:

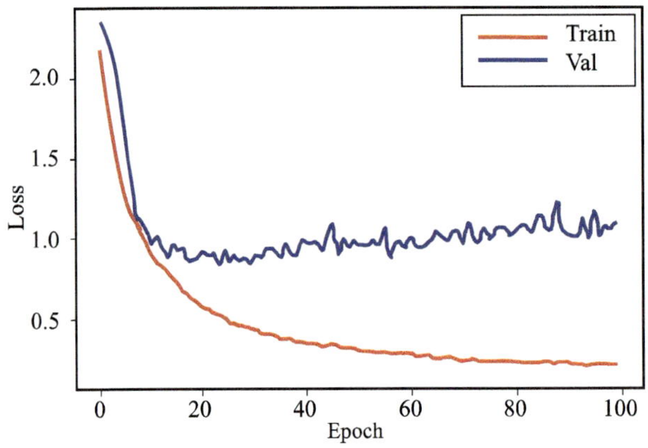

16.6 검증 결과 도출

아래의 코드는 앞서 개발한 CNN 기반 분류 모델을 검증하는 코드이다. 검증에는 'model.evaluate()' 코드를 활용한다. 'evaluate'의 코드는 앞선 챕터에서 여러번 설명한 관계로, 자세한 설명은 앞선 챕터를 확인하길 바란다. 검증 결과 약 74.1%의 정확도를 얻을 수 있었다. 본 실습에서 다뤄본 CNN 모델의 경우 미세조정(Fine-Tuning)이 완벽히 되지 않은 모델이므로, 더 높은 정확도를 보일 수 있도록 모델을 개선할 가능성이 있다. 본 실습 코드를 기반하여 모델 개선하는 과정을 수행하며 CNN 모델 개발의 노하우를 익힐 수 있는 기회를 가져보기 바란다.

```
# 모델 검증 결과
test_loss, test_accuracy = model.evaluate(X_test, Y_test)
print('검증 결과')
print('test loss = ', test_loss)
print('test accuracy = ', test_accuracy)
```

```
Console Output:
355/355 [==============================] - 1s 4ms/step - loss: 0.8476 -
accuracy: 0.7409
검증 결과
test loss =  0.8476329445838928
test accuracy =  0.7408581972122192
```

본 챕터에서 다뤄본 실습의 전체 코드는 아래와 같다.

Chapter16_CNN_classification_application.ipynb

```
# 라이브러리 로드
from keras.models import Sequential
from keras.layers import Dropout, Activation, Dense, Flatten from
keras.layers import Convolution2D, MaxPooling2D
from keras.layers import BatchNormalization
import matplotlib.pyplot as plt
import numpy as np
```

```
# 구글 드라이브 계정과 연동
from google.colab import drive
drive.mount('/content/drive')

# 데이터 로드
X_train, X_test, Y_train, Y_test = np.load('/content/drive/MyDrive/00.책
                                            _script/conv_img_data_set.npy',
                                            allow_pickle=True)

# 로드된 데이터 이미지 및 Shape 확인
plt.imshow(X_train[15])
print('이미지 매트릭스의 형태는 ', X_train.shape)

# 라벨 데이터 확인
# ["bucket", "cutter", "drill", "grinder", "hammer", "knife", "saw",
"shovel", "spanner", "tacker","trowel", "wrench"]
print('Class의 개수는 ', len(Y_train[15]))
print(Y_train[15])

# 모델 아키텍쳐 개발
model = Sequential()
model.add(Convolution2D(32,(3,3),padding='same',input_shape=(32,32,3)))
model.add(Activation('relu'))
model.add(MaxPooling2D(pool_size=(2, 2)))
model.add(Dropout(0.25))

model.add(Convolution2D(32,(3,3),padding='same'))
model.add(Activation('relu'))
model.add(MaxPooling2D(pool_size=(2,2)))

model.add(Convolution2D(64, (3,3), padding = 'same'))
model.add(Activation('relu'))
model.add(Dropout(0.2))

model.add(Convolution2D(64, (3,3), padding = 'same'))
model.add(Activation('relu'))
```

```
model.add(MaxPooling2D(pool_size=(2,2)))

model.add(Convolution2D(128, (3,3), padding = 'same'))
model.add(Activation('relu'))
model.add(Dropout(0.2))

model.add(Convolution2D(128, (3,3), padding = 'same'))
model.add(Activation('relu'))
model.add(Flatten())
model.add(BatchNormalization())

model.add(Dense(128, activation = 'relu'))
model.add(Dropout(0.25))
model.add(Dense(12,activation = 'softmax'))

# 모델 아키텍쳐 요약해 확인
model.summary()

# 모델 컴파일
model.compile(loss='categorical_crossentropy',optimizer='adam',metrics=['acc
uracy'])

# 모델 학습 수행
hist = model.fit(X_train, Y_train, batch_size=256,
                validation_split=0.2, epochs=100)

# 모델 학습 과정 확인
train_loss = hist.history['loss']
val_loss = hist.history['val_loss']

plt.plot(np.arange(len(train_loss)), train_loss, color='red',
       label='train')
plt.plot(np.arange(len(val_loss)), val_loss, color='blue', label='val')
plt.xlabel('epoch')
plt.ylabel('loss')
plt.legend(loc='best')
plt.show()
```

```
# 모델 검증 결과
test_loss, test_accuracy = model.evaluate(X_test, Y_test)
print('검증 결과')
print('test loss = ', test_loss)
print('test accuracy = ', test_accuracy)
```

CHAPTER 17

경기지역 강우 피해액 예측

17.1 경기지역 강우 피해액 예측 개요

본 실습에서는 RNN 모델을 기반한 경기지역 강우 피해액 예측 모델의 개발 과정을 개발해보고자 한다. 모델 개발 과정에 사용된 데이터는 과거 본 저자가 속했던 연구팀이 연구하였던 Lee et al. (2020) "Prediction of Heavy Rain Damage Using Deep Learning" 논문[1]에서 사용한 이미지 데이터를 활용하고 있다.

급격한 도시화 및 산업화로 인해 특정 지역에 인구가 밀집되거나 재난에 취약한 지역(홍수터, 해안가 저지대 등)에도 거주하는 현상이 발생하고 있고, 또한 기후변동(Climate Variability) 및 기후변화로 인해 재난 피해가 심화되고 있는 추세이다. 최근 30년간(1988~2017년) 자연재난으로 인해 전세계적으로 약 4조 2,700억 달러(US$ 4,270bn)의 재산피해가 발생하였다. 자연재난 피해(Natural Disasters)는 발생 가능성(Likelihood)이 높고, 영향력(Impact)이 큰 글로벌 리스크로, 기후변화로 인해 빈도(Frequency)와 강도(Intensity)가 증가할 것으로 예상하고 있어 자연재난으로부터 인명 및 재산을 보호하기 위한 대책이 시급한 실정이다. 만약 자연재난으로 인한 피해가 발생하기 전에 피해 지역 및 규모를 예측할 수 있다면 사전 예방 및 대비 차원의 적절한 재난관리를 하는데 큰 도움이 될 것이다.

17.2 모델 목표 설정

선행연구들을 살펴보면 대부분 기상자료와 피해액과의 관계를 다중선형회귀모형, 로지스틱 회귀모형, 비선형회귀모형 등을 이용하여 추정하였고, 최근에는 머신러닝 기법을 적용하여 예측성능을 향상시키는 노력들이 진행되고 있다. 그러나 대부분의 경우 예측하고자 하는 피해액의 최소값과 최대값의 범위가 매우 크기 때문에, 예측 정확도 향상에 어려움이 있었다. 또한, 예측모형을 구동하는 현재시점에 미래의 피해를 예측하기 위해선 미래의 기상자료를 이용해야 하는데, 미래의 기상자료 또한 예측된 기상자료이기 때문에 피해액을 예측하는데 불확실성이 가중되는 경향이 있다. 따라서 본 연구에서는 상기 기술된 두 가지 문제를 해결하기 위해 1) 피해액을 예측하지 않고, 적절한 피해 범위를 예측할 수 있도록 종속변수를 설정하고, 2) 불확실성이 가중되는 예측 기상자료를 독립변수로 사용하지 않고, 피해 예측시점의 관측된 기상자료만을 이용하여 피해를 예측할 수 있는 모형을 개발하는 것을 목표로 한다.

이를 위해, 피해가 발생하기 1주일 전의 기상자료들을 수집하고, 이를 독립변수로 사용하는 예측모형을 개발한다면 피해 발생기간(Disaster Period)의 예측 기상자료의 성능에 관계없이 적절한 예측성능을 가질 수 있을 것으로 판단하였다. 1주일 전 기상자료를 활용한 예측 시기 및 기간은 그림 17.1에서 보는 것과 같다.

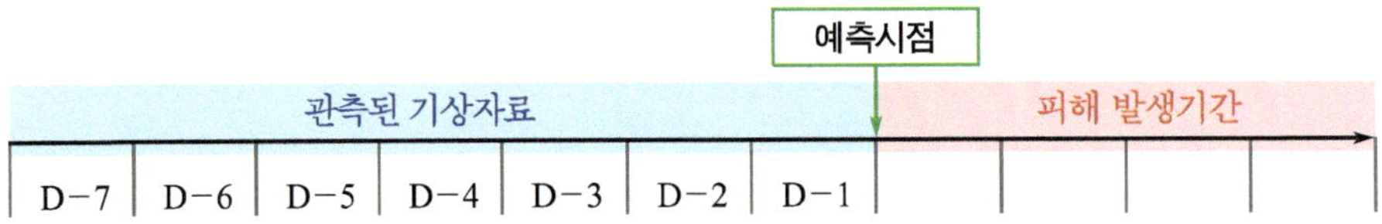

그림 17.1 1주일 전 기상자료를 활용한 예측 시기 및 기간

만약 큰 범위의 최대값과 최소값을 몇가지 범위의 범주형 종속변수로 구분하여 예측할 수 있다면, 예측되는 피해 범위에 따라 재난관리시 의사결정을 하는데 도움이 될 수 있을 것으로 판단하였다. 따라서, 본 연구에서는 범주형 변수를 예측하는데 좋은 성능을 가진 것으로 알려진 딥러닝 기법을 사용하여 호우피해 예측모형을 개발하였고, 이를 통해 기존의 피해 예측에 적용이 미비하였던 딥러닝 기법의 적용성을 평가하고자 한다.

분석에 이용된 독립변수로 기상자료를 사용하기 위해 한국 기상청(Korea Meteorological Administration, KMA)에서 운영하는 종관기상관측장비(Automated Synoptic Observing System, ASOS)의 시간별 기상자료를 수집하였다. ASOS에서는 총 23종류의 기상자료를 제공하고 있는데, 적설량(Amount of Snow), 3시간 신적설량(Amount of Fresh Snow) 등의 호우피해와 관련 없는 기상관측자료와 일사량, 중하층운량 등의 결측이 많은 기상관측자료의 경우 독립변수에서 제외하였다. 표 17.1은 독립변수로 사용한 기상자료 목록을 나타낸 것이다.

표 17.1 Used weather variables

Weather variables	Unit
Location	-
Average temperature	˚C
Precipitation	mm
Average wind speed	m/s
Average relative humidity	%
Vapor pressure	hPa
Dew point temperature	˚C
Average local pressure	hPa
Average sea-level pressure	hPa
Duration of sunshine	hr
Visibility	10m
Ground-surface temperature	˚C

17.3 개발 실습 코드 및 상세 내용

먼저 실습에 필요한 라이브러리를 우선적으로 로드한다. 본 실습에서 분석하고자 하는 기상데이터는 시계열적 특성을 지니고 있기 때문에 이를 적절하게 분석할 수 있는 딥러닝 네트워크 중 하나인 LSTM을 활용하고자 한다.

라이브러리를 로드한 뒤 데이터를 활용하기 위해 구글 드라이브를 마운트 시켜 활용한다. 자세한 내용은 Appendix 챕터 설명으로 대체한다.

```
# 라이브러리 로드
import numpy as np
from keras.models import Sequential
from keras.layers import Dense, Dropout, Flatten, LSTM
from keras.layers import BatchNormalization
from keras.initializers import he_normal
from keras.utils import np_utils
import matplotlib.pyplot as plt

# 구글 드라이브 계정과 연동
from google.colab import drive
drive.mount('/content/drive')
```

```
Console Output:
Mounted at /content/drive
```

본 실습에서는 'LSTM_disaster_prediction_data.npy' 데이터를 로드하여 활용한다. 해당 데이터를 우선 다운로드 한 뒤, 각자의 구글 드라이브 계정에 업로드하고, 구글 드라이브가 마운트 되었다면 'np.load()' 코드의 실행을 통해 데이터의 로드가 가능하다.

데이터는 총 996개 기상 데이터로 이루어져 있으며, 학습과 검증 데이터는 각각 796개, 200개 데이터로 나뉘어진다. 각 데이터는 12개의 변수로 이루어져 있으며, 각 변수는 1시간마다 측정된 7일간의 데이터로 168개 요소로 구성된다. 각 기상 데이터는 행렬 형태로 존재하며, 행과 열은 각각 변수와 시점으로 구성되어 12×168의 크기를 가지게 된다. 여기서 LSTM에 적용되는 데이터는 시점에 따라 구분될 필요가 있으므로, 'np.transpose()' 함수를 이용하여 데이터의 행과 열을 전치시켜 준다. 아래 코드의

'np.transpose(X_train,(0,2,1))'는 데이터 축(Axis) 구성 순서가 (0, 1, 2)인 X_train 데이터의 데이터 축 구성 순서를 (0, 2, 1)로 전치하라는 명령어이다. 즉, 데이터 개수에 해당하는 첫 축은 고정시키고 나머지 변수와 시점의 행렬을 전치한 것을 말한다.

'np_utils.to_categorical()' 명령어는 각 요소가 클래스 요소가 스칼라 값으로 표현된 클래스 벡터를 원-핫 벡터의 요소를 갖는 클래스 벡터로 변환시키는 명령어이다. 이에 따라 추후 컴파일 시 범주형 교차 엔트로피를 활용해야 한다. 해당 코드는 원-핫 벡터로 쉽게 변환할 수 있는 방법을 학습하기 위해 보여주는 코드로 성능 향상에 필수는 아니다.

데이터 내 각기 다른 12개의 변수는 각각 절대적인 스케일이 다르기 때문에 데이터를 필히 정규화시켜 활용할 필요가 있다. 이에 따라 가우시안 정규화를 활용해 데이터를 정규화시켜 활용한다. 본 실습에서 주어진 데이터 역시 정규화가 되어있는 데이터이므로 따로 정규화를 수행할 필요는 없다.

```
# 데이터 로드
[train_x,train_y,test_x,test_y] = np.load('/content/drive/MyDrive/00.책
                                          _script/LSTM_disaster_prediction
                                          _data.npy',allow_pickle=True)

# 데이터 전처리
X_train = train_x.astype('float32')
X_test = test_x.astype('float32')
X_train = np.transpose(X_train,(0,2,1))
X_test = np.transpose(X_test,(0,2,1))

# 라벨 데이터 one-hot vector로 변환
y_train = np_utils.to_categorical(train_y)
y_test = np_utils.to_categorical(test_y)
```

17.4 딥러닝 아키텍쳐 구성

본 실습에서는 LSTM 모델을 정의한다. LSTM 셀은 두 개로 이루어지도록 하며 각 모델은 Many to Many 형태로 구성되도록 한다. Many to Many 형태를 가지도록 만들기 위해서는 'LSTM()' 레이어에서 'return_sequences=True'를 입력해야한다.

Many to Many 형태를 가지는 두 LSTM 셀의 입출력 데이터는 모두 입력 데이터와 동일하게 168개 Time Stamp를 가지도록 한다. 즉, 첫 번째 LSTM 셀의 입력 데이터는 168×12, 출력 데이터는 168×4, 두 번째 셀의 입력 데이터는 168×4, 출력 데이터는 168×1의 매트릭스 크기를 가지도록 구성하였다.

```
# 모델 아키텍쳐 개발
model = Sequential()
model.add(LSTM(units=4, return_sequences=True,
               input_shape=(168, 12)))
model.add(LSTM(units=1, return_sequences=True))
model.add(Flatten())
model.add(BatchNormalization())
model.add(Dense(64, activation='relu',
                kernel_initializer='he_normal'))
model.add(Dropout(0.25))
model.add(Dense(num_classes, activation='softmax'))

# 모델 아키텍쳐 요약 확인
model.summary()

# 모델 컴파일
model.compile(loss='categorical_crossentropy', optimizer='adam',
              metrics=['accuracy'])
```

```
Console Output:
Model: "sequential"

_________________________________________________________________
 Layer (type)                Output Shape              Param #
=================================================================
 lstm (LSTM)                  (None, 168, 4)           272
```

```
 lstm (LSTM)                 (None, 168, 1)            24

 flatten (Flatten)           (None, 168)               0

 batch_normalization (Batc   (None, 168)               672
 hNormalization)

 dense (Dense)               (None, 64)                10816

 dropout (Dropout)           (None, 64)                0

 dense_1 (Dense)             (None, 3)                 195

=================================================================
Total params: 11,979
Trainable params: 11,643
Non-trainable params: 336
_________________________________________________________________
```

17.5 학습 결과 분석

앞서 정의된 모델에 대한 학습을 수행한다. 학습 횟수는 100회로 지정하고, 학습에 활용되는 배치의 크기는 16으로 설정하였다. 'verbose'는 학습이 진행될 때마다 학습의 진척도를 보여주는 인자이며, 'verbose=0'으로 설정할 경우, 학습이 진행되는 것을 출력하지 않는다. 'verbose=1'로 설정할 경우, 매 이터레이션의 학습이 진행되는 모든 과정을 프로그레스 바를 활용해 출력하고, 'verbose=2'로 설정할 경우, 에폭의 학습이 마무리 될 때마다의 학습 결과를 출력해준다. 아래 코드에서는 'verbose=0' 으로 설정하였기 때문에 별다른 출력없이 실행이 완료되게 된다.

```
# 모델 학습 수행
model.fit(X_train, y_train, epochs=100, batch_size=16,
          verbose=0)
```

17.6 검증 결과 도출

앞선 실습들과 마찬가지로, 검증에는 'model.evaluate()' 코드를 활용한다. 모델 검증 결과, 약 56%의 정확도의 성능을 보여주고 있음을 확인할 수 있었다. 본 실습에서 다뤄본 LSTM 기반 딥러닝 모델의 경우에도 미세 조정이 완벽히 되지 않은 모델이므로, 더 높은 정확도를 보일 수 있도록 모델을 개선할 가능성이 있다. 본 실습 코드를 기반하여 모델 개선하는 과정을 수행하며 LSTM 기반 모델 개발의 노하우를 익힐 수 있는 기회를 가져보기 바란다.

```
# 모델 검증 결과
test_loss, test_accuracy = model.evaluate(X_test, y_test)
print('검증 결과')
print('test loss = ', test_loss)
print('test accuracy = ', test_accuracy)
```

```
Console Output:
7/7 [==============================] - 1s 8ms/step - loss: 1.7377 -
accuracy: 0.5600
검증 결과
test loss = 1.7376534938812256
test accuracy = 0.5600000023841858
```

본 챕터에서 다뤄본 실습의 전체 코드는 아래와 같다.

Chapter17_LSTM_application.ipynb

```
# 라이브러리 로드
import numpy as np
from keras.models import Sequential
from keras.layers import Dense, Dropout, Flatten, LSTM
from keras.layers import BatchNormalization
from keras.initializers import he_normal
from keras.utils import np_utils

# 구글 드라이브 계정과 연동
from google.colab import drive
```

```
drive.mount('/content/drive')

# 데이터 로드
[train_x,train_y,test_x,test_y] = np.load('/content/drive/MyDrive/00.책
                                          _script/LSTM_disaster_prediction
                                          _data.npy',allow_pickle=True)

# 데이터 전처리
X_train = train_x.astype('float32')
X_test = test_x.astype('float32')

X_train = np.transpose(X_train,(0,2,1))
X_test = np.transpose(X_test,(0,2,1))

# 라벨 데이터 one-hot vector로 변환
y_train = np_utils.to_categorical(train_y)
y_test = np_utils.to_categorical(test_y)
num_classes = y_test.shape[1]

# 모델 아키텍쳐 개발
model = Sequential()
model.add(LSTM(units=4, return_sequences=True,
               input_shape=(168, 12)))
model.add(LSTM(units=1, return_sequences=True))
model.add(Flatten())
model.add(BatchNormalization())
model.add(Dense(64, activation='relu',
                kernel_initializer='he_normal'))
model.add(Dropout(0.25))
model.add(Dense(num_classes, activation='softmax'))

# 모델 아키텍쳐 요약 확인
model.summary()

# 모델 컴파일
model.compile(loss='categorical_crossentropy', optimizer='adam',
              metrics=['accuracy'])
```

```
# 모델 학습 수행
model.fit(X_train, y_train, epochs=100, batch_size=16, verbose=0)

# 모델 검증 결과
test_loss, test_accuracy = model.evaluate(X_test, y_test)
print('검증 결과')
print('test loss = ', test_loss)
print('test accuracy = ', test_accuracy)
```

Appendix

부록

A.1 구글 코랩(Colab)

구글 코랩(Colaboratory, 약자 Colab)은 구글에서 자체적으로 제공하는 쥬피터 기반의 대화식 웹 프로그래밍 환경을 말한다. 코랩에서는 클라우드 형태로 제공되는 하드웨어 및 소프트웨어를 기반하여 실행되게 되므로 사용자의 컴퓨터 사양과 인터넷만 연결된다면 언제 어디서든 자유롭게 고성능의 GPU를 갖춘 머신러닝 및 딥러닝 학습 환경을 활용할 수 있다. 본 교재의 실습에서는 코랩 환경에 데이터를 업로드 시켜 분석하는 등의 과정을 포함하고 있다. 따라서, 본 교재의 학습을 위해 코랩(Colab) 내에서 데이터를 읽고 쓰는 방법을 알고 있어야 한다. 특히 데이터의 업로드를 위해서 각 사용자 계정의 구글 드라이브와의 연동하여 활용한다.

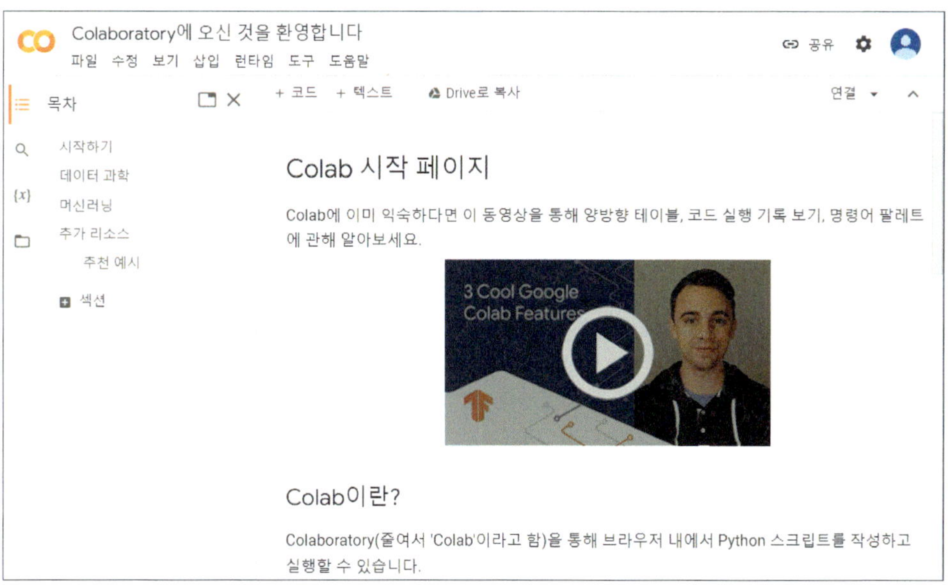

그림 A.1 구글 코랩(Colab) 시작화면 (https://colab.research.google.com/)

A.2 구글 드라이브(Google Drive)와 코랩(Colab) 연동

구글 코랩에서 구글 드라이브에 연동하는 방법은 크게 두 가지가 있다. 코랩이 실행된 웹브라우저 상의 UI 버튼을 클릭하여 드라이브에 연결하는 방법과 코드셀에 구글 드라이브 마운트를 연결하는 코드를 입력하고 실행하는 방법이 있다. 이 연동 내용은 2023년 5월 기준으로 작성되었으므로 시간이 지날 경우 연동 방식이 달라질 수 있음을 상기하길 바란다.

(a) 코랩 웹사이트 내 버튼을 클릭하여 드라이브에 연결

먼저 구글 코랩에 접속한 후, '파일' - '새 노트' 로 새로운 빈 노트를 만들어 준다. 아래 그림 A.2와 같이 빈노트가 하나 생성되며, 왼쪽 아이콘들 중 ① '파일' 버튼을 클릭한다.

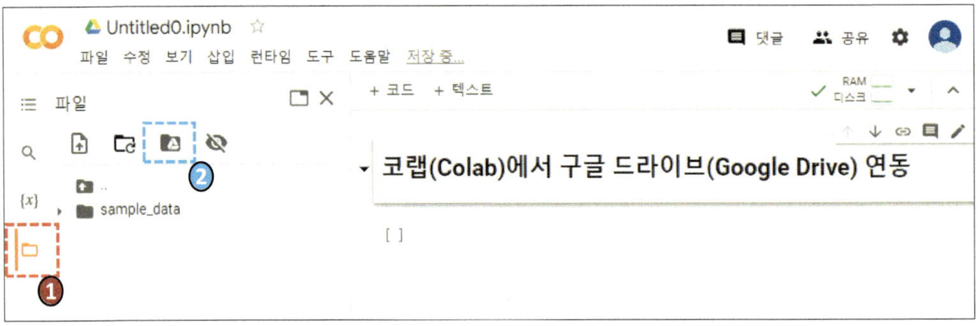

그림 A.2 코랩(Colab) 새 노트 생성

'파일' 탭이 확장되면 상단 아이콘 중 ② '드라이브 마운트' 아이콘을 클릭한다. 그림 A.3과 같은 메시지가 뜬다면 'Google Drive에 연결' 버튼을 클릭해 준다.

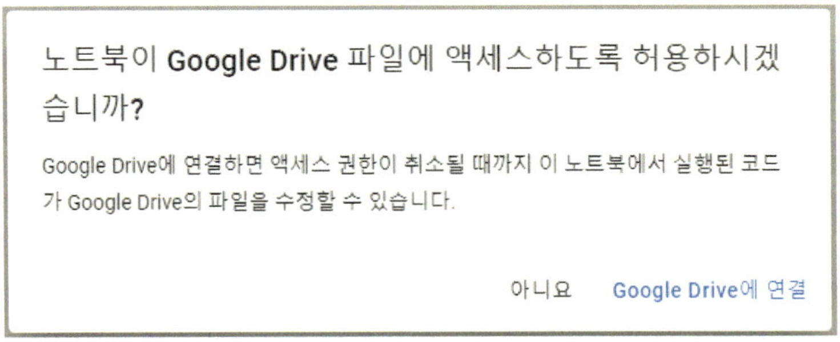

그림 A.3 구글 드라이브 엑세스 확인창

코랩에 연결할 구글 드라이브 계정을 선택하고 로그인 한다. 엑세스 확인창이 나오면 '허용'을 선택한다.

그림 A.4 구글 드라이브 계정 로그인

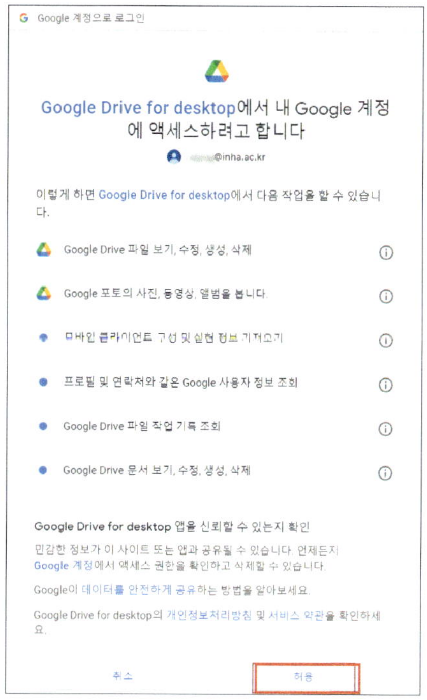

그림 A.5 계정 액세스 허용

코랩에 구글 드라이브가 마운트 되면, 탐색창에 보이지 않았던 'drive' 폴더가 생성되었음을 확인할 수 있다. 'drive' - 'MyDrive'가 선택한 계정에서 사용하고 있는 구글 드라이브 폴더이다.

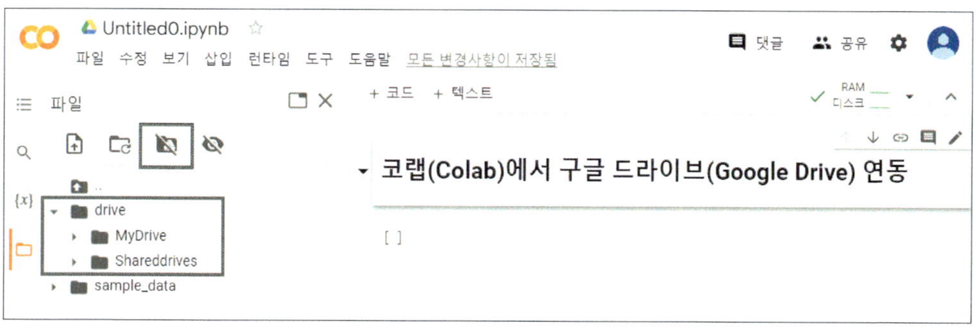

그림 A.6 탐색창 구글 드라이브 연동 완료

(b) 코드셀에 드라이브 마운트를 연결하는 코드 입력하고 실행

코드셀에 드라이브를 연동하는 코드를 입력하는 방법도 간단하며, 아래 코드를 코드셀에 입력하고 실행하면 된다. 코드가 실행되면, (a)방법의 (그림 A3~A5) 계정 로그인과 액세스 허용 과정은 동일하게 진행해 주면 된다. 구글 드라이브 마운트가 완료되면 실행 결과창과 탐색창에서 구글 드라이브가 정상적으로 연결되었음을 확인할 수 있다.

```
# 구글 드라이브 마운트
from google.colab import drive
drive.mount('/content/drive')
```

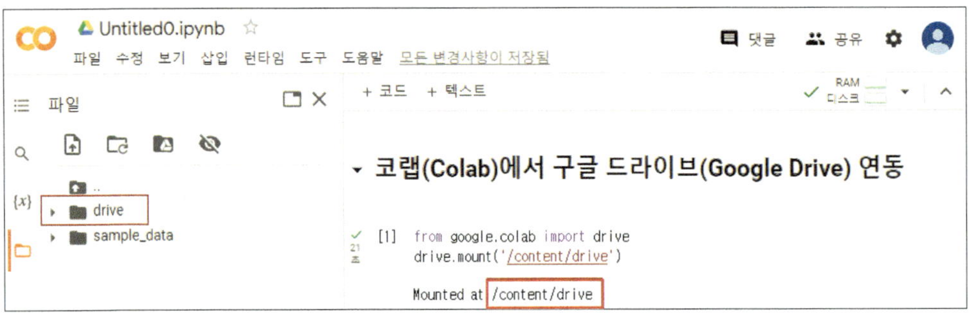

그림 A.7 코드 실행을 통한 구글 드라이브 연결

A.3 구글 드라이브(Google Drive) 공유 폴더 및 저장

코랩상에 구글 드라이브가 정상적으로 연동되었다면, 구글 드라이브 내에 데이터를 저장하거나, 구글 드라이브 내의 데이터를 불러오는 것이 가능하다. 실습에 사용되는 코드와 데이터 셋을 불러오고 저장하는 방법에 대해 알아보겠다. 본 교재와 관련된 데이터를 구글 공유 드라이브에 업로드 해 놓았으며, 해당 공유 폴더에 접근하는 방법은 두 가지가 있다. 저자의 홈페이지를 통해 접속하는 방법과 직접 링크를 통해 접속 가능하다.

저자의 홈페이지(https://sites.google.com/view/kanghyeok/home) 주소로 접속하여 상단 메뉴 중 'Data' 탭을 들어오면 'Book(건설공학도를 위한 딥러닝 기초)' 하단이 링크 주소를 통해 공유 구글 드라이브에 접속이 가능하다.

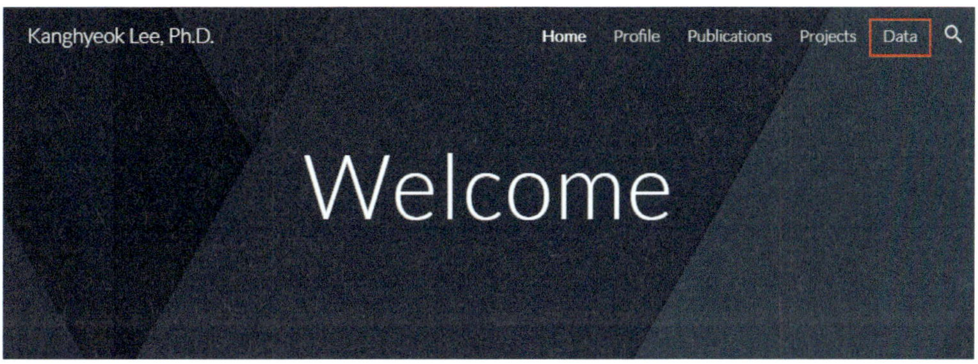

그림 A.8 저자 홈페이지를 통한 공유 드라이브 연결

그림 A.9 코드 및 실습 데이터 셋 공유 드라이브 링크

공유 드라이버에 직접 접속하는 방법으로는 다음 링크를 이용하면 구글 공유 폴더에 접속 가능하다.

"건설공학도를 위한 딥러닝 기초(Data&Script)" 링크 :
https://drive.google.com/drive/folders/1NHwhZkIsKW5au-M_8CdtSQzeBZDvPFxn?usp=share_link

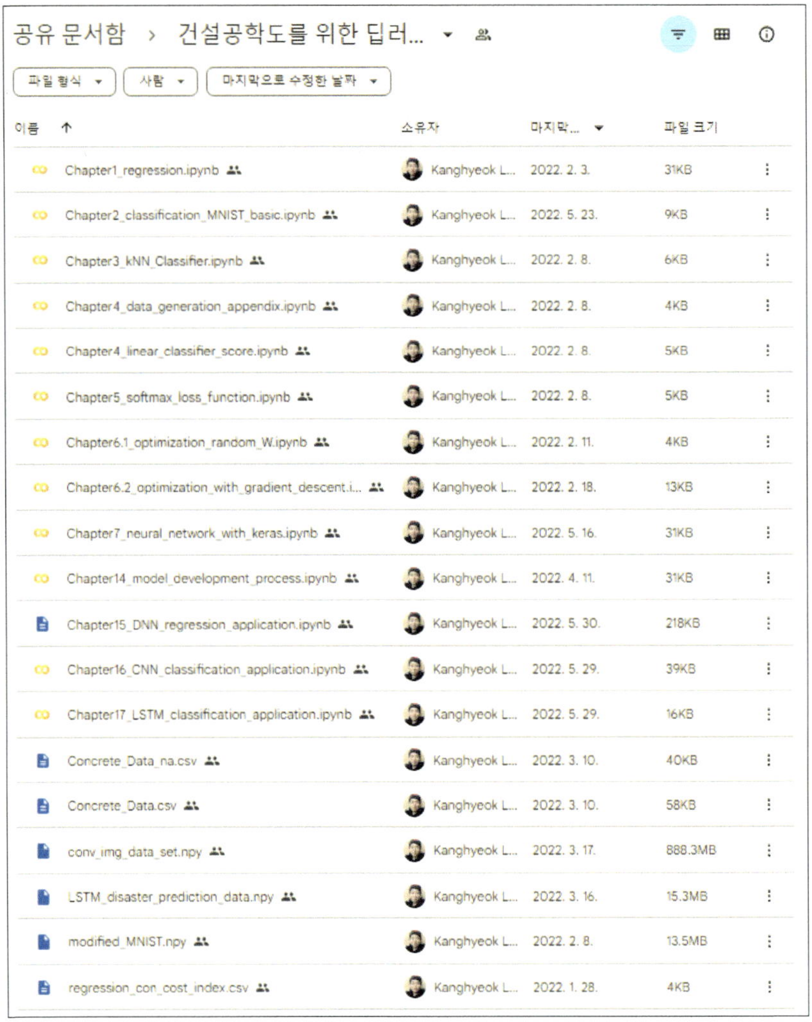

그림 A.10 구글 공유 드라이브 목록

두 가지 방법을 통해 공유 드라이브에 접속하면 그림 A.10과 같은 폴더와 파일들을 확인할 수 있다.

구글 드라이브 바로가기 설정으로 본인의 구글 드라이브에서 공유 드라이브 파일 및 폴더 접근이 가능하다. 그림 A.11과 같이 공유 드라이브 전체 폴더명 우측 목록을 확장하거나 각각의 파일을 우클릭 하여 'Drive에 바로가기 추가'를 선택하면 본인의 구글 드라이브에 바로가기 추가가 가능하다.

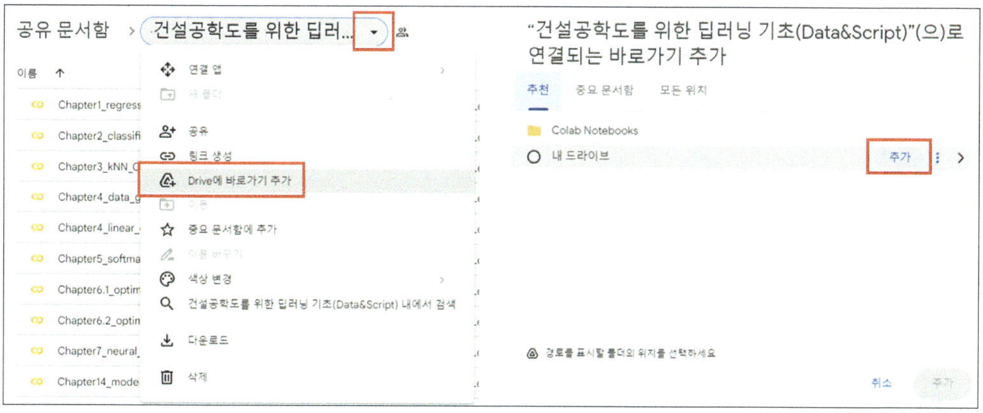

그림 A.11 공유 드라이브 바로가기 설정

구글 드라이브에 바로가기가 추가 되면, 코랩에 연결된 구글 드라이브 목록에서도 공유 드라이브의 자료들을 확인할 수 있다.

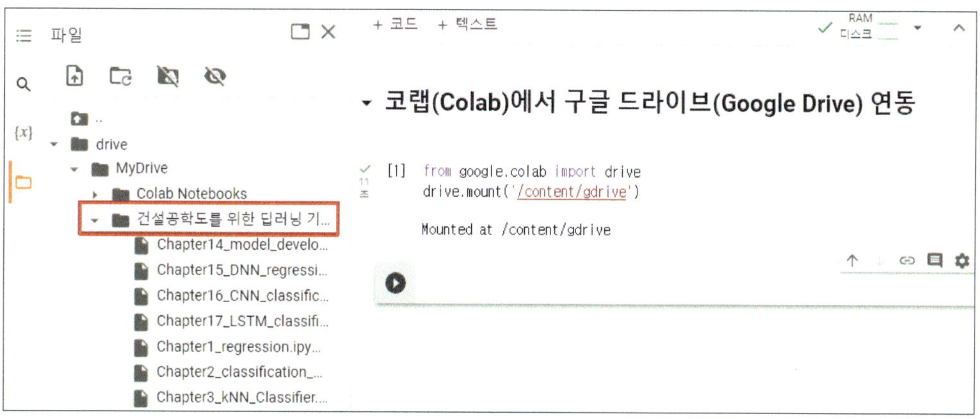

그림 A.12 코랩에 연동된 공유 드라이브 목록

구글 코랩은 무료로 제공되지만, 연결 시간이 무제한이 아니기 때문에 오랜 시간 사용하지 않으면 자동으로 연결이 끊어진다. 이 경우에 작업한 데이터가 손실될 수 있으므로, 중간에 전처리된 파일들을 구글 드라이브에 미리 저장하는 것이 중요하다.

처음 드라이브를 연결하면 아무런 파일도 존재하지 않기 때문에, Pandas를 이용해 간단한 데이터 프레임을 만들고 csv 파일로 저장하는 방법을 알아본다.

```
# pandas 라이브러리 로드
import pandas as pd

# DataFrame 생성
df = pd.DataFrame({“a”:[2,4,8], “b”:[3,9,27], “c”:[4,16,64]}) print(df)

# df_temp.csv 파일 현재 경로 저장 ‘/content’
df.to_csv('df_temp.csv')
# df_drive.csv 파일 구글 드라이브 저장 ‘/content/drive/MyDrive’
df.to_csv('drive/MyDrive/df_drive.csv')
```

생상한 데이터 프레임을 특정 지정경로 없이 csv 파일 형식으로 저장하게 되면, 기본 경로인 ‘/content’ 폴더 내에 ‘df_temp.csv’ 파일이 생성되는 것을 확인할 수 있다. 하지만 ‘/content’ 폴더는 코랩을 종료한다면 ‘df_temp.csv’ 파일은 사라진다. 따라서 생성한 파일이 중요하고 다음에도 필요한 것이라면, 구글 드라이브 ‘MyDrive’ 폴더 안으로 탐색창에서 끌어서 이동시키거나 구글 드라이브 경로를 지정하여 저장해야 한다.

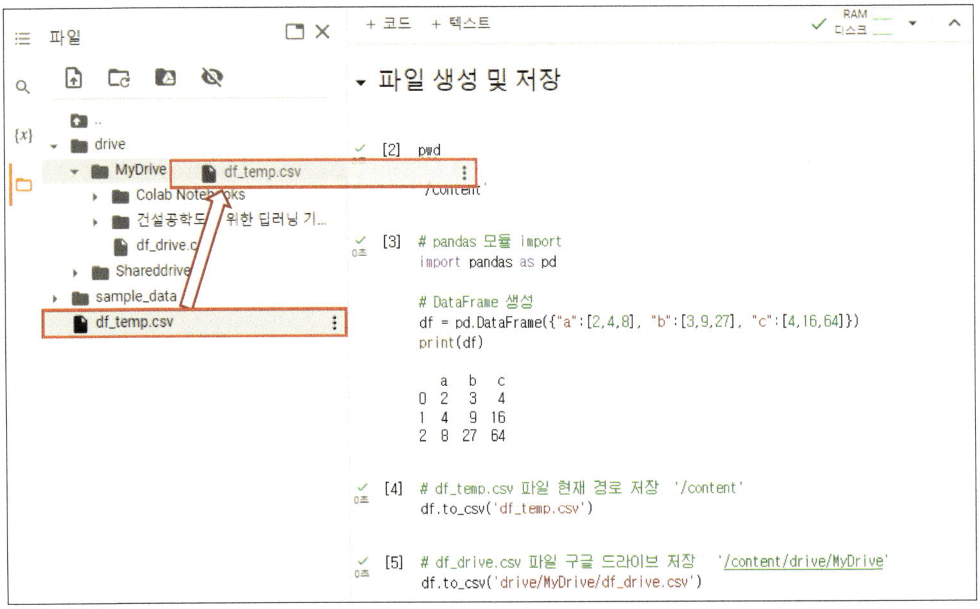

그림 A.13 코랩 탐색창 내 파일 끌어서 이동

이제 저장된 파일을 읽어오는 방법에 대해 알아보자. 읽어올 파일의 경로만 제대로 알고 있다면 저장된 파일을 읽어오는 건 아주 쉽다. 'pd.read_csv()'는 csv 파일을 읽어오는 Pandas 내장함수이다. 괄호 안에 읽어올 파일의 경로를 적으면 해당 파일을 불러올 수 있다. 조금 전 생성한 'df_drive.csv' 파일과 공유 드라이브에 존재하는 'Concrete_Data.csv' 파일을 코랩에서 불러와 보겠다.

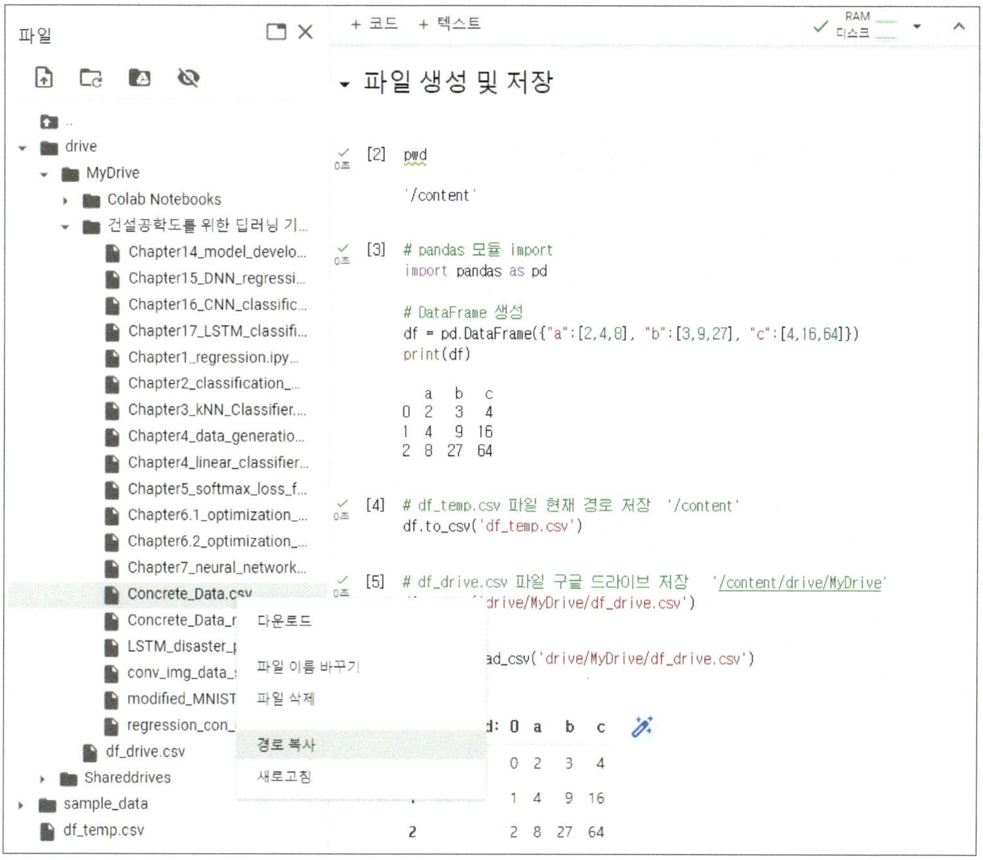

그림 A.14 코랩 탐색창 파일의 경로 추출 및 복사

코딩을 처음 배울 때, 원하는 파일의 경로를 정확하게 찾는 것은 초기에 어려울 수 있다. 코랩의 탐색 창에서는 원하는 파일을 우클릭하여 해당 파일의 경로를 복사하는 기능이 제공된다. 파일 경로를 직접 찾기 어렵다면 이 기능을 활용하여, 원하는 파일 경로를 작성하는 방법을 익혀보길 바란다.

```python
# pandas 라이브러리 로드
import pandas as pd

# 저장한 'df_drive.csv' 파일 읽어오기
df2 = pd.read_csv('drive/MyDrive/df_drive.csv')
df2
```

Console Output:

	Unnamed: 0	a	b	c
0	0	2	3	4
1	1	4	9	16
2	2	8	27	64

```python
# 공유 드라이브 내 'Concrete_Data.csv' 파일 읽어오기
df3 = pd.read_csv('/content/drive/MyDrive/건설공학도를 위한 딥러닝 기초
                    (Data&Scrpt)/Concrete_Data.csv')
df3
```

Console Output:

	component 1	component 2	component 3	component 4	component 5	component 6	component 7	component 8	component 9
0	540.0	0.0	0.0	162.0	2.5	1040.0	676.0	28	79.99
1	540.0	0.0	0.0	162.0	2.5	1055.0	676.0	28	61.89
2	332.5	142.5	0.0	228.0	0.0	932.0	594.0	270	40.27
3	332.5	142.5	0.0	228.0	0.0	932.0	594.0	365	41.05
4	198.6	132.4	0.0	192.0	0.0	978.4	825.5	360	44.30
...	...	...	...	...	...	...	...	...	...
1025	276.4	116.0	90.3	179.6	8.9	870.1	768.3	28	44.28
1026	322.2	0.0	115.6	196.0	10.4	817.9	813.4	28	31.18
1027	148.5	139.4	108.6	192.7	6.1	892.4	780.0	28	23.70
1028	159.1	186.7	0.0	175.6	11.3	989.6	788.9	28	32.77
1029	260.9	100.5	78.3	200.6	8.6	864.5	761.5	28	32.40

1030 rows × 9 columns

Reference

참고문헌

[Chapter 1]

[1] Stanford University, "CS231n: Deep Learning for Computer Vision, Lecture 1"

[2] 김미경, 김상균, 김세규, 김승주, 정지훈 저 외 4명 (2022) 세븐 테크 3년 후 당신의 미래를 바꿀 7가지 기술, 웅진지식하우스

[3] 아마존, Amazon Web Service, https://aws.amazon.com/

[4] 마이크로소프트, Azure, https://azure.microsoft.com/

[5] 구글, Google Cloud Platform, https://cloud.google.com/

[Chapter 2]

[1] 건설기술연구원, 공사비원가관리센터, https://cost.kict.re.kr/

[2] 통계청, 국가통계포털, https://kosis.kr/

[3] 저자(이강혁) 개인 웹페이지
https://sites.google.com/view/kanghyeok/home

[Chapter 3]

[1] O'Connell, J.; Li, Z.; Hanson, J.; Heffernan, R.; Lyons, J.; Paliwal, K.; Dehzangi, A.; Yang, Y.; Zhou, Y. (2018) "SPIN2: Predicting sequence profiles from protein structures using deep neural networks." Proteins Struct. Funct. Bioinform. 86, 629-633.

[2] Krizhevsky, A., Sutskever, I., & Hinton, G. E. (2017). Imagenet classification with deep convolutional neural networks. Communications of the ACM, 60(6), 84-90.

[3] Simonyan, K., & Zisserman, A. (2014). Very deep convolutional networks for large-scale image recognition. arXiv preprint arXiv:1409.1556.

[4] He, K., Zhang, X., Ren, S., & Sun, J. (2016). Deep residual learning for image recognition. In Proceedings of the IEEE conference on computer vision and pattern recognition (pp. 770-778).

[5] Herculano-Houzel, S. (2012). "The remarkable, yet not extraordinary, human brain as a scaled-up primate brain and its associated cost." Proceedings of the

National Academy of Sciences 109 (Supplement 1), 10661-10668.
[6] 저자(이강혁) 개인 웹페이지
https://sites.google.com/view/kanghyeok/home
[7] Lee, K., Jeon, C., & Shin, D. H. (2023). Small Tool Image Database and Object Detection Approach for Indoor Construction Site Safety. KSCE Journal of Civil Engineering, 1-10.
[8] Deng, L. (2012). The mnist database of handwritten digit images for machine learning research. IEEE Signal Processing Magazine, 29(6), 141-142.

[Chapter 6]

[1] Hearst, M. A., Dumais, S. T., Osuna, E., Platt, J., & Scholkopf, B. (1998). Support vector machines. IEEE Intelligent Systems and their applications, 13(4), 18-28.
[2] Goodfellow, Ian; Bengio, Yoshua; Courville, Aaron (2016). "6.2.2.3 Softmax Units for Multinoulli Output Distributions". Deep Learning. MIT Press. pp. 180-184.

[Chapter 7]

[1] Stanford University, "CS231n: Deep Learning for Computer Vision, Lecture 3"

[Chapter 8]

[1] McCulloch, W. S., & Pitts, W. (1943). A logical calculus of the ideas immanent in nervous activity. The bulletin of mathematical biophysics, 5, 115-133.
[2] Rosenblatt, F. (1958). The perceptron: a probabilistic model for information storage and organization in the brain. Psychological review, 65(6), 386.
[3] McClelland, J. L., Rumelhart, D. E., & PDP Research Group. (1986). Parallel distributed processing (Vol. 2, pp. 20-21). Cambridge, MA: MIT press.

[Chapter 9]

[1] Stanford University, "CS231n: Deep Learning for Computer Vision, Lecture 6
[2] Arora, R., Basu, A., Mianjy, P., & Mukherjee, A. (2016). Understanding deep neural networks with rectified linear units. arXiv preprint arXiv:1611.01491.
[3] Xu, B., Wang, N., Chen, T., & Li, M. (2015). Empirical evaluation of rectified activations in convolutional network. arXiv preprint arXiv:1505.00853.
[4] He, K., Zhang, X., Ren, S., & Sun, J. (2015). Delving deep into rectifiers: Surpassing human-level performance on imagenet classification. In Proceedings of the IEEE international conference on computer vision (pp. 1026-1034).
[5] Goodfellow, I., Warde-Farley, D., Mirza, M., Courville, A., & Bengio, Y. (2013,

May). Maxout networks. In International conference on machine learning (pp. 1319-1327). PMLR.

[Chapter 10]

[1] Ruder, S. (2016). An overview of gradient descent optimization algorithms. arXiv preprint arXiv:1609.04747.
[2] Lydia, A., & Francis, S. (2019). Adagrad—an optimizer for stochastic gradient descent. Int. J. Inf. Comput. Sci, 6(5), 566-568.
[3] Coursera course. "Neural Network for Machine Learning" lecture six
[4] Kingma, D. P., & Ba, J. (2014). Adam: A method for stochastic optimization. arXiv preprint arXiv:1412.6980.

[Chapter 11]

[1] Stanford University, "CS231n: Deep Learning for Computer Vision, Lecture 7"
[2] Glorot, X., & Bengio, Y. (2010, March). Understanding the difficulty of training deep feedforward neural networks. In Proceedings of the thirteenth international conference on artificial intelligence and statistics (pp. 249-256). JMLR Workshop and Conference Proceedings.
[3] He, K., Zhang, X., Ren, S., & Sun, J. (2015). Delving deep into rectifiers: Surpassing human-level performance on imagenet classification. In Proceedings of the IEEE international conference on computer vision (pp. 1026-1034).
[4] Ioffe, S., & Szegedy, C. (2015, June). Batch normalization: Accelerating deep network training by reducing internal covariate shift. In International conference on machine learning (pp. 448-456). pmlr.
[5] Kukačka, J., Golkov, V., & Cremers, D. (2017). Regularization for deep learning: A taxonomy. arXiv preprint arXiv:1710.10686.
[6] Srivastava, N., Hinton, G., Krizhevsky, A., Sutskever, I., & Salakhutdinov, R. (2014). Dropout: a simple way to prevent neural networks from overfitting. The journal of machine learning research, 15(1), 1929-1958.

[Chapter 12]

[1] LeCun, Y., Boser, B., Denker, J. S., Henderson, D., Howard, R. E., Hubbard, W., & Jackel, L. D. (1989). Backpropagation applied to handwritten zip code recognition. Neural computation, 1(4), 541-551.

[Chapter 13]

[1] Hochreiter, S., & Schmidhuber, J. (1997). Long short-term memory. Neural computation, 9(8), 1735-1780.

[2] Shi, B., Bai, X., & Yao, C. (2016). An end-to-end trainable neural network for image-based sequence recognition and its application to scene text recognition. IEEE transactions on pattern analysis and machine intelligence, 39(11), 2298-2304.

[Chapter 15]

[1] Yeh, I. C. (1998). Modeling of strength of high-performance concrete using artificial neural networks. Cement and Concrete research, 28(12), 1797-1808.

[2] UCI Machine Learning Repository, "Concrete Compressive Strength Data Set" https://archive.ics.uci.edu/ml/datasets/concrete+c-
ompressive+strength

[Chapter 16]

[1] Lee, K., Jeon, C., & Shin, D. H. (2023). Small Tool Image Database and Object Detection Approach for Indoor Construction Site Safety. KSCE Journal of Civil Engineering, 1-10.

[2] Lee K, Jeon C, Eizan MM, Bitangjol AJ, Hwang J, Shin D (2022) Image dataset for object detection of small size construction tools. Zenodo repository web site, DOI: 10.5281/zenodo.6530106

[3] 한국건설기술연구원, 2019년 건설공사 표준품셈

[4] 국토교통부, 건축공사 표준시방서 (국토교통부고시 제2022-571호)

[Chapter 17]

[1] Lee, K., Choi, C., Shin, D. H., & Kim, H. S. (2020). Prediction of heavy rain damage using deep learning. Water, 12(7), 1942.

Index

찾아보기

저자소개

이강혁
- 인하대학교 토목공학과 졸업 (공학사)
- 인하대학교 토목공학과 건설관리 전공 (공학석사)
- 인하대학교 스마트시티공학과 스마트시티공학 전공 (공학박사)
- 現) 한국도로공사 스마트건설사업단 책임연구원

Email : kanghyeok0117@gmail.com
Website : https://sites.google.com/view/kanghyeok/home

신도형
- 고려대학교 토목환경공학과 졸업 (공학사)
- 고려대학교 토목환경공학과 토목구조 전공 (공학석사)
- Purdue University, Civil Engineering, Construction Engineering and Management (공학석사)
- Purdue University, Civil Engineering, Construction Engineering and Management (공학박사)
- 現) 인하대학교 사회인프라공학과 교수

Email : dshin@inha.ac.kr
Website : http://consys.inha.ac.kr

박연철
- 서울대학교 지구환경시스템공학부 졸업 (공학사)
- 서울대학교 지구환경시스템공학부, 토목구조 전공 (공학석사)
- Lehigh University, Department of Civil and Environmental Engineering, 토목구조 전공 (공학박사)
- 現) 인하대학교 사회인프라공학과 교수

Email : ycpark97@inha.ac.kr

장민서
- 고려대학교 사회환경시스템공학부 졸업 (공학사)
- 고려대학교 건설환경시스템공학부, 토목구조 전공 (공학석사&박사)
- 現) 인하대학교 건설환경시스템연구소 선임연구원

Email : dr.mjang@gmail.com

황정은
- 인하대학교 사회인프라공학과 졸업 (공학사)
- 現) 인하대학교 스마트시티공학과 스마트시티공학 석사과정

Email : h.jungeuning@gmail.com

건설공학도를 위한 딥러닝 기초 **정가 20,000원**

저자 : 이강혁 · 신도형 · 박연철 · 장민서 · 황정은

발행인 : 임해진
발행처 : 도서출판 구미서관

발행 : 2023년 9월 13일

등록 : 1979년 6월 29일 No.9-6호
주소 : 서울시 마포구 신촌로 2길 5-15 구미빌딩
전화 : 02-333-1101
팩스 : 02-335-2201
http://www.goomibook.com

ISBN 979-11-6257-266-5 (93530)
